AF567415

Giraffen

Alexander Kluy
Giraffen
EINE KULTURGESCHICHTE
EDITION ATELIER WIEN

INHALTSVERZEICHNIS

Diese und nächste Seite: Kopien von historischen Gehegeschildern aus dem Tiergarten Schönbrunn in Wien. Die Originale stammen von ca. 1900.

dedié à

Nicole Françoise Florence Dreyfus
et
Germaine Hélène Irène Lefebvre
deux giraffes de la déesse Thespis

I thought this odd;
however, I said nothing,
and we set off.
Charles Dickens

Omissions are not accidents.
Marianne Moore

Es iſt nicht geſtattet, den Thieren
Futter zuzuwerfen oder dieſelben zu berühren.

IST DIE GIRAFFE ETWA ...

... der Stan Laurel der Tierwelt? Wenn eine Giraffe in eine Kamera schaut, dann ähnelt sie – tatsächlich! und stupend! – dem englischen Filmkomiker, Herz und eigentliches Hirn des Duos mit Oliver Hardy, tumb eingedeutscht als »Dick und Doof«. Sie schaut nämlich, Hand aufs riesige Tierherz, riesig zutraulich aus; und ein ganz klein wenig treudoof; dabei stets höflich detachiert. Schier bewundernswert antikonfrontativ. Mit ihren großen, *sehr großen, lebhaft glänzenden und doch ungemein sanften, wirklich geistigen* Augen. Mit den kleinen Höckerli auf dem Kopf. Mit der gelängten Schnauze, in der sich eine halbmeterlange blaue Zunge verbirgt. Irgendwie scheinen Giraffen immer zutraulich breit zu grinsen, wenn sie fotografiert werden. Und sie scheinen auch immer handkantenkurz vor dem Weinen zu stehen. So wie das auch Laurel in vielen seiner Filme war respektive spielte – aus- wie aufgelöste Katastrophe! –, wenn wieder etwas schiefging; oder wenn Hardy ihn wieder einmal präpotent in den Senkel stellte. *A giraffe can be a point of reflection. It can bring out of yourself some feeling you did not know was there (Eine Giraffe kann ein Reflexionspunkt sein. Sie kann ein Gefühl hervorbringen, von dem man nicht wusste, dass es vorhanden ist).*

Ist die Giraffe etwa der Jet Li der Tierwelt? Abenteuerlich artistisch und exzeptionell gelenkig muss dieses Tier schon in der ersten Lebensminute sein. Bei der Geburt wiegt eine Giraffe an die 100 Kilogramm, ist 1,80 Meter groß und – erste irdische Herausforderung – fällt aus rund zweieinhalb Metern Höhe aus der Gebärmutter seiner Mutter, die im Stehen gebärt, auf die Erde, *my coming into being is a head-over-hoofs rumble from weightlessness to weight and from the drowning which has no memory to what has breath and is yet to be (Der Eintritt in mein Dasein ist holprig, Huf über Kopf von der Schwerelosigkeit in die Schwere und vom Ertrinken, das keine Erinnerung kennt, zu etwas, das Atem hat und Leben sein wird).*

Innerhalb der nächsten 30 bis 60 Minuten steht sie auf eigenen dünnstaksigen Beinen. Und läuft. Vor allem zu den Milchzitzen der Mutter. Diese säugt das Jungtier die nächsten neun bis zwölf Monate; ab etwa dem vierten Monat beginnen die Tiere, auch Blätter zu fressen. In den ersten zwölf Lebensmonaten, zugleich die gefährlichsten wegen natürlicher Feinde wie Löwen, Hyänen, Wildhunden, Leoparden oder Krokodilen – mehr als 50 Prozent der Giraffenjungen überleben das erste Jahr nicht –, verdoppeln Giraffen ihre Größe. Giraffenbullen sind, ausgewachsen, größer und schwerer als weibliche Tiere.

Giraffenkühe haben eine lange Tragezeit. Sie beträgt zwischen 453 und 464 Tagen. Sie suchen sich eine spezielle Gegend dafür aus, eine Art Landschafts-Gebär-Region. An diesen Ort kehren später weibliche Giraffen wieder zurück, um dort ihrerseits wiederum zu kalben.

Giraffenbullen verlassen die Mutter mit etwa 15 Monaten, um sich rein männlichen Giraffengruppen anzuschließen. Weibliche Giraffen bleiben in der Regel drei Monate länger bei der Mutter. Häufig verlassen sie ihre heimatliche Herde nicht. Wenn sie es doch tun, schließen sie sich einer anderen an, die in der Nähe im selben Gebiet grast.

Sind Giraffen etwa die geheimen Rekordbrecher und Rekordhalter der Tierwelt? *Charakteristisch für das mit bis zu sechs Metern höchste Landtier ist der lange Hals, der aber, wie bei anderen Säugetieren auch – abgesehen von Faultier und Manati – nur aus sieben Halswirbeln besteht, Sehnen und Muskeln verankern die Halswirbel an Brustwirbel-Fortsätzen, die die Schulterhöcker bilden. Insgesamt erinnert* *der Körperbau der Giraffe ein wenig an einen Kran. Keine Fleckenzeichnung einer Giraffe gleicht völlig der einer anderen. Die Fleckenzeichnung einer Giraffe ist ebenso einzigartig wie der menschliche Fingerabdruck.*

Giraffen können eine Höchstgeschwindigkeit von bis zu 60 km/h erreichen.

Giraffen *können auf eine Distanz von 1,4 Kilometern einen Artgenossen erkennen* und identifizieren. Giraffen können mehrere Tage ohne Wasser auskommen.

Mit ihrer halbmeterlangen, weichempfindlichen blauen Zunge weiden sie sich mit exquisit vortrefflicher Lieblichkeit an den Blättern dorniger Akazien.

Ihre Füße sind so groß wie Essteller. Sie haben einen Durchmesser von 30 Zentimetern. Ihre Hufe können sie in alle vier Windrichtungen bewegen. Was Löwen leidvoll wissen. Weshalb sich nur besonders leichtsinnige, besonders hungrige, außergewöhnlich verzweifelte an die turmhohen Vegetarier heranwagen, oder Krokodile. Denn ein harter Giraffentritt kann tödlich sein.

Giraffen schlafen wenig. Selten mehr als zwanzig Minuten am (traumlosen?) Stück. In freier Wildbahn deutlich kürzer als in Zoologischen Gärten. *Die längste gemessene Tiefschlafphase beträgt hier zwei Minuten, die kürzeste nur 40 Sekunden.* Nur selten legen sich Giraffen zum Schlafen hin, zumeist kaum länger als fünf Minuten. Dabei legen sie ihren Kopf auf dem höckerigen Leib ab. Was aussieht, als habe ein Riese einen gigantischen *Geigenbogen* auf geflecktem Grund abgelegt. Was eine alles andere als ungefährliche Lagerposition, vielmehr eine exzeptionell exponierte ist. Untersuchungen in Zoologischen Gärten

Frederic William Unger (1875–1949): Die Giraffe in der Lagune kämpft um ihr Junges, 1909

ergaben, dass in dieser Schlafposition ein Tiefschlaf mit REM-Phase einsetzt. Insgesamt kommen Giraffen verteilt über einen Tag auf etwa vier Stunden Ruhezeit.

Ihre knubbeligen Hörner haben beide Giraffengeschlechter bereits bei der Geburt. Wobei die »ossicones«, so der lateinische Name, da noch flach auf dem

Schädel aufliegen und erst später mit den Knochen verwachsen.

Giraffen haben den höchsten Blutdruck aller Säugetiere. Im Wortsinn den höchsten. Denn das Blut muss drei Meter nach oben nicht gepumpt, eher: geschossen werden. Um für die Durchblutung des Gehirns ein Druckwertverhältnis von 110 zu 70 mmHg zu erreichen, den für ein großes Säugetier normalen Durchschnittswert, benötigen Giraffen im Herzen einen Blutdruck von etwa 220 zu 180 mmHg. Wenn sie, im Tierreich die *Eiffeltürme* (der ungarische Autor Péter Zilahy in seinem Band »Die letzte Fenstergiraffe« 1998: *Die Fenstergiraffe gibt es auch in Paris, ich habe sie auf einer Postkarte gesehen, da nennt man sie Ajfelturm. [...] Der Ajfelturm hat einen langen Hals, vier Beine und viele, viele Fenster. Gleichzeitig Fenster und Giraffe, der Name klingt auch gut, Ansporn und Versprechen in einem*), trinken und sich somit aufreizend fragil pyramidös hinunterbeugen, beträgt der Blutdruck in ihrem Kopf sogar 300 zu 200 mmHg.

Giraffen beugen von Natur aus Thrombosen vor. Die Haut, die nahezu fleischlos die Knochen ihrer dünnen Beine umgibt, wirkt bei ihnen so, wie es Kompressionsstrümpfe bei Menschen tun. Zudem haben 2021 dänische Physiologen herausgefunden, dass die Arterien an den Giraffenknien *extrem dickwandig sind und als eine Art Regulativ fungieren*, doch wie genau, ist noch immer ein gelb-braun geflecktes Enigma.

Giraffenabbildung aus Alfred Brehms »Illustrirtes Thierleben«, 3. Aufl., 1890

Roy Fuller
The Giraffes

I think before they saw me the giraffes
Were watching me. Over the golden grass,
The bush and ragged open tree of thorn,
From a grotesque height, under their lightish horns,
Their eyes fixed on mine as I approached them.
The hills behind descended steeply: iron
Coloured outcroppings of rock half covered by
Dull green and sepia vegetation, dry
And sunlit: and above, the piercing blue
Where clouds like islands lay or like swans flew.

Seen from those hills the scrubby plain is like
A large-scale map whose features have a look
Half menacing, half familiar, and across
Its brightness arms of shadow ceaselessly
Revolve. Like small forked twigs or insects move
Giraffes, upon the great map where they live.

When I went nearer, their long bovine tails
Flicked loosely, and deliberately they turned,
An undulation of dappled grey and brown,
And stood in profile with those curious planes
Of neck and sloping haunches. Just as when
Quite motionless they watched I never thought
Them moved by fear, a desire to be a tree,
So as they put more ground between us I
Saw evidence that there were animals with
Perhaps no wish for intercourse, or no
Capacity.
Above the falling sun
Like visible winds the clouds are streaked and spun,
And cold and dark now bring the image of
Those creatures walking without pain or love.

Sind Giraffen gar die Schweizer der Tierwelt, pünktlich, präzis, calvinistisch leistungsorientiert? In einer Sammlung von Folk Tales und Fabeln aus Tansania in Ostafrika – als das Land noch Tanganijka hieß, tauchte von 1919 bis 1961 in der Landesflagge eine, Überraschung!, Giraffe auf – findet sich ein Text über Anatomiesehnsüchte und überlegen überlegte Metamorphosen von Giraffen:

Die Giraffe und das Nashorn hatten beide Hälse, die sehr kurz waren. Da sie gute Freunde waren, trafen sie sich häufig zu gemeinsamen Spaziergängen. Eines Morgens, als sie beide zusammen grasten, hielt die Giraffe plötzlich inne und klagte: »Ich mag dieses Gras eigentlich gar nicht. Nashorn, findest Du nicht auch, dass dieses Gras nach gar nichts schmeckt?«

»Du hast recht. Ich habe mich die ganze Zeit schon zwingen müssen, dieses Gras zu fressen, aber je mehr ich davon fresse, umso schlechter schmeckt es mir. Aber was sollen wir anderes fressen?«

»Was meinst du, warum das Gras so ungenießbar ist?«

»Ich bin nicht ganz sicher, aber ich glaube, es kommt daher, dass so viele Tiere darauf herumtrampeln. Gras, auf dem alle möglichen Tiere herumlaufen, kann uns doch gar nicht mehr gut schmecken. Weißt du, manchmal wünschte ich mir, dass wir groß genug wären, um an die weichen Blätter heranzukommen, die wir auf den Bäumen sehen ...« Das Nashorn zeigte auf die saftigen Blätter am nächsten Baum.

»Was können wir tun, um an die appetitlichen Blätter heranzukommen?«, fragte die Giraffe nachdenklich. »Was hältst du davon, wenn ich auf deinen Rücken steige? Wenn ich genügend Blätter gefressen habe, kannst du dich ja auf meinen Rücken stellen und so viel fressen, bis du satt bis. Was hältst du davon, Nashorn?«

»Ich finde es nicht gut, wenn jemand auf meinem Rücken steht«, verwarf das Nashorn die Idee. »Außerdem kommst du dann immer noch nicht an die Blätter heran.«

»Was sollen wir also tun, um an die Blätter heranzukommen?«, fragte die Giraffe. Sie war ein bisschen enttäuscht darüber, dass das Nashorn den Vorschlag nicht gut fand.

»Ich habe mir etwas anderes ausgedacht«, sagte das Nashorn, nachdem es einen Moment überlegt hatte. »Ich glaube, der Mensch kann uns helfen. Komm, wir gehen zu ihm und bitten ihn um Rat.«

So gingen die zwei Tiere zum Menschen und klagten ihr Leid. Der Mensch hörte ihnen aufmerksam zu und sagte dann: »Euer Problem ist doch so einfach zu lösen. Wenn ihr *wollt, dass ich euch helfe, müsst ihr morgen zur Mittagszeit wiederkommen. Gerade jetzt bin ich sehr beschäftigt, aber ich habe ein Mittel, mit dem ich eure Beine und Hälse wachsen lassen kann, und dann werdet ihr ganz leicht an die Blätter auf den Bäumen herankommen. Also, vergesst nicht, morgen Mittag wieder hierherzukommen. Ich habe nur morgen Mittag Zeit.« Da gingen sie beide wieder fort und legten sich schlafen.*

Während die Giraffe aufpasste, dass sie die Verabredung mit dem Menschen nicht vergaß, verschlief das Nashorn den nächsten Vormittag. Als es Mittag war, klopfte die Giraffe beim Menschen an, während das Nashorn noch im Tiefschlaf vor sich hinschnarchte.

»Wo ist dein Freund, das Nashorn?«, fragte der Mensch die Giraffe, nachdem sie eine Weile gewartet hatten.

»Ich weiß nicht, warum es so spät kommt«, antwortete die Giraffe. »Seit wir uns gestern getrennt haben, habe ich es nicht mehr gesehen.«

»Wir können ja noch ein bisschen warten, aber wenn es nicht bald kommt, kann ich mich nur um dich kümmern, denn ich habe wenig Zeit«, sagte der Mensch und ging ins Haus, um das Mittel anzurühren.

Kurze Zeit darauf kam der Mensch wieder heraus. Das Nashorn war immer noch nicht da. »Vielleicht kommt es ja gar nicht. Komm, Giraffe, ich werde dich jetzt behandeln.« Er gab der Giraffe eine merkwürdig aussehende Medizin zu trinken.

Die Giraffe fiel in eine tiefe Bewusstlosigkeit, und als sie wieder zu sich kam, waren ihre Beine und ihr Hals so lang geworden, dass sie ohne Mühe die Blätter von den höchsten Bäumen in der Savanne fressen konnte. Sie bedankte sich beim Menschen und begann, Blätter von den Bäumen zu fressen, an die sonst kein Tier herankam.

Die Dabous-Giraffen sind lebensgroße Felsgravuren zweier Giraffen in der Sahara aus der Jungsteinzeit. Die Felsgravuren befinden sich in der Ténéré am Rande des Aïr-Gebirges in Niger.

Inzwischen war das Nashorn aufgewacht. Es erinnerte sich an die Verabredung, die es mit dem Menschen hatte, und lief so schnell es konnte zu dessen Haus. »Da bin ich, Mensch«, keuchte es, »ich habe verschlafen. Ist die Giraffe schon hier gewesen?«

»Die Giraffe war rechtzeitig hier«, antwortete der Mensch. »Ich dachte, du hättest es dir anders überlegt, deshalb habe ich die ganze Medizin der Giraffe gegeben. Für dich ist nichts mehr übrig.«

Da wurde das Nashorn sehr böse und wollte den Menschen über den Haufen rennen. Der Mensch aber sprang schnell zur Seite. Nashörner können bis heute niemanden verfolgen, der nicht direkt vor ihnen steht. Und wer in Zickzacklinien wegläuft, der verwirrt das Nashorn völlig. –

Seit dieser Zeit ist die Giraffe das einzige Tier, das durch seinen langen Hals und seine langen Beine an die Blätter der Bäume heranreicht. Das Nashorn aber frisst weiterhin Gras. Und wenn es einen Menschen sieht, möchte es ihn am liebsten über den Haufen rennen.

ALLES À LA GIRAFFE

Alles à la Giraffe. Alles à la Giraffe in der nicht sehr breiten Rue Albert 1er Numéro 28 in La Rochelle, Département Charente-Maritime, Frankreich.

Das unter dieser Hausnummer zu findende, kalksteingraue Muséum d'Histoire Naturelle in der Stadt, einst Hochbastion der Protestanten wider den Kardinal Richelieu, das, während dieses Buch geschrieben wurde, noch geschlossen ist – Wiedereröffnung annonciert für Sommer 2022 –, wirbt für Baumaßnahmen mit Giraffe. Dieses Tier, Zarafa einst geheißen, trägt auf der Zeichnungsmontage einen *hard hat*, einen gelben Bauarbeiterhelm. Sie lächelt einnehmend schelmisch, weil das Helmgelb so gut passt zu ihrem gelbgefleckten Fell.

Ein paar Hundert Meter nordnordsachtnord von La Rochelles Vieux Port führt der Weg zum Museum (mit dankenswerterweise gleichnamiger Bushaltestelle) an der dem Heiligen Ludwig geweihten Kathedrale vorbei durch die von zwei Schnellstraßen, der N137 und der auf die Île de Re führenden N237, eingerahmte historisch malerische Innenstadt am Atlantik.

Geht man quer entgegengesetzt eine Schleife, an den Bars und Bistros des Quai Duperré ostwärts zum Quai Maubec, biegt linkerhand in die Rue de la Ferté ein, lässt das Musée Protestant rechts liegen,

Screenshot der Website des Muséum d'Histoire Naturelle, Juni 2022

dann entdeckt man nach wenigen Schritte in der einmündenden Rue des Merciers unter Arkaden »Nature and Discoveries«. Einen Geschenkeladen. Mit unterschiedlichsten Giraffen als Offerten. Eine aus Holz um fast fünfzehn Euro. Eine fein gearbeitete »Peluche Géante Girafe«, die 1,30 Meter groß ist, um aktuell 204,05 Euro. Eine adipös kindlich naive. Ein kleines, dschungelig bemaltes Musikkästlein, auf dessen aufliegender Scheibe eine große Giraffe und zwei kleine, jeweils grundlos in einem Bottich badend, Musik erzeugen können. Es gibt einen »Safari-Giraffen-Stuhl«, eine Holzspielzeugkonstruktion, einen aus Holz hergestellten ganz natürlichen Telefonverstärker (»MRN Girafe Mangobeat«), eine aus Holzringen hochstapelbare Giraffe, deren Kopf eher Miss Piggy ähnelt denn Mme Girafe, einen Regenschirm mit dem feinberegneten Namen »Flip Flap La Girafe«. Es gibt eine stupend schlangenähnliche Spiralen-Giraffe zum Sachen-Dranhängen. Eine »Girafe Musicale«, die eine Melodie abspielt. Eine Badewannen-Giraffe aus Seife mit drolliger Seedrachenähnlichkeit. Es gibt eine Giraffe (ohne Beine) für Kleinstkinder zum Hinter-sich-Herziehen. Mit »Konrad La

Girafe« gibt es für frühreifmozartisch veranlagte Babys in Kinderwägen eine Musiktöne von sich gebende Giraffe mit Aktivierungszuggriff. »Billie La Grande Girafe«, eine Art Flauschgiraffenpuppe mit gepunkteten Gamaschen, sieht eher aus wie ein Känguru. Und mit der »Girafe Pompon«, benannt nach dem Tierbildhauer François Pompon (1855–1933), haben der Künstler Gérard Lo Monaco und die Réunion des Musées Nationaux in Zusammenarbeit mit dem Pariser Musée d'Orsay eine Figurine nachgeschöpft, die unübersehbar modernistisch abstrahiert, aber ebenso unübersehbar noch immer eine Giraffe ist. Und die, wie passend, fast exakt den hellgrauen steinernen Farbton der Museumsfassade trifft.

Und da, innen im Museum, auf dem Treppenabsatz, steht sie, das *animal totem* des Hauses. Zarafa. Zarafa, *la girafe*. Zarafa, *nature*. *And a discovery*.

I had time after time watched the progression across the plain of the giraffe, in their queer, inimitable, vegetative gracefulness as if it were not a herd of animals but a family of rare, long stemmed spackled gigantic flowers slowly advancing. (*Ich habe viele Male beobachtet, wie sich die Giraffen mit ihrer eigentümlichen, unvergleichlichen vegetativen Anmut über die Steppe bewegten, als wären sie nicht eine Schar von Tieren, sondern eine Familie seltener langstieliger, gefleckter Riesenblumen.)* Tania Blixen

»Zarafa« war ein Geschenk von Muhammad Ali Pascha, dem Vizekönig von Ägypten, an König Charles X. von Frankreich im Jahr 1826. Nach ihrem Tod 1845 wurde sie ausgestopft. Über Zarafas beschwerlichen Weg nach Frankreich können Sie im Kapitel »Paris« ab S. 54 lesen.

GIRAFFENGESCHICHTE UND GIRAFFENGESCHICHTEN

Camelopardel, lateinisch Camelopardalis, Camelopardus, Ouis fera, Giraffa, Anabula, Nabis, Saffarat, Nabula Aethiop. Französisch Giraffe oder Panthere, oder Cameleopard. Ein Thier, so man in Africa bey denen Trogloditen in Aethiopien und Abysinien findet, es ist zwar nicht so starck, doch aber weit höher als ein Elephant, und so groß, daß ein großer Mann kaum an seine Knie reichet, und soll ein Reuter zu Pferd an seinen Bauch stossen, wie Jacobus Ludolfi in seiner Hist. Aethiopica I. 10. berichtet. Bellonius, so es selbsten gesehen, meldet, daß, wenn es das Haupt empor hebe, sechzehn Schuhe hoch über die Erde reiche: Dahero es auch im vorübergehen denen Leuten aus dem Fenster allerhand Früchte und Speise abgenommen, welches die Elephanten mit ihrem ausgestreckten Rüssel auch thun können. Sonst hat der Camelopardel einen Kopff, wie ein Cameel, einen Halß wie ein Pferd, Füsse, wie ein Ochse, einen Schwanz, wie eine Ziege, und bunte Flecke, wie ein Leopard, nur daß der Grund röthlicher, und die Flecke weiß sind. Die Zunge ist zwey Schuhe lang und rund, wie ein Aal, dunckel von Farbe, fast Violbraun. Es frisset Kraut und Graß, erhebet seinen Kopff biß an die Aeste derer Bäume, von denen es die zärtesten abfrisset. Der Hintertheil des Leibes ist viel niedriger als der Vordertheil, dessen ungeachtet kan ihm doch kein Pferd im Lauffen gleich kommen. Es setzet nicht im gehen, wie andere Thiere, die Füsse creutzweise fort, sondern beweget zugleich wie die beyden rechten, also auch die beyden lincken Füsse, jedesmahl besonders. Welcher Gang ihm ein recht majestätisches Ansehen zuwege bringet. Unweit von denen Ohren über die Schäffe hat es auf beyden Seiten ein kurtz hervorragendes Gewächse, welches eigentlich kein Horn, dennoch aber einem kleinen Horn ziemlich gleich ist; und mitten auf der Stirne hat es einen Hübel, der fast wie das dritte Horn siehet. Die Römer nenneten dieses Thier ehemahls ouis fera, ein wildes Schaf, es ist aber gantz nichts wildes an demselben zu verspühren, sondern ist vielmehr so zahm, daß es die Kinder aus der Hand füttern können. Seine Hörner und Klauen sind gut wieder die schwere Noth, den Durchlauff zu stillen und dem Gifft zu wiederstehen, wenn sie geraspelt, gepülvert und eingenommen werden. [...] Camelopardalis ist das Thier genennet worden, weil es dem Camele, auf Lateinisch Camelus, und dem Leopard, Lateinisch, Pardus, nicht unähnlich siehet, und nicht, weil es, wie einige glauben, von einem Leopard und einem Cameel gezeuget worden wäre, indem bekannt, daß ein Leopard, gleich denen Mauleseln und der gleichen Bastarden, ihre Geschlechte nicht fortpflanzen. So heißt es in den sich vor kurieuser Neugier um die eigene Achse drehenden, ausgreifend langen Sätzen im gewaltigsten Enzyklopädie-Unternehmen des deutschen Sprachraums im enzyklopädie- und rubrizierwütigen aufklärerischen 18. Jahrhundert, im »Universal-Lexicon aller Wissenschaften und Künste, welche bishero durch menschlichen Verstand und Witz erfunden und verbessert worden ...« des Verlegers und Buchhändlers Johann Heinrich Zedler. 64 Bände plus vier Supplementbände mit insgesamt 284 000 Artikeln und 276 000 Verweisen.

Knapp einhundert Jahre später ging in Paris der amerikanische Romancier James Fenimore Cooper (»Der letzte Mohikaner«) während seiner mehrjährigen Europa-Grand-Tour auch in den Jardin des Plantes zu Paris und hielt die Impression fest: *the creature appears formed of the odds and ends of other animals (Die Kreatur erscheint, als ob sie aus Resten und Enden anderer Tiere geformt wäre).* Noch immer also anatomisch-wolpertingerisch zusammengesetzt aus Teilen anderer Tiere – was sich durch viele Jahrhunderte hindurchzog. Seit der Antike. Quintus Horatius Flaccus, Horaz (65 v. Chr.–8. n. Chr.), der römische Dichter, schrieb zur Regierungszeit des römischen Kaisers Augustus um das Jahr 15 vor Christus in seinen »Epistulae«, seinen Briefgedichten: *Si foret in terris, rideret Democritus, seu / diversum confusa genus panthera camelo, / sive elephans albus volgi converterat ora (Weilte Demokrit auf Erden, lachte er darüber, wie bald eine Giraffe, das fremdartige Mischwesen aus Panther und Kamel, bald ein weißer Elefant die Blicke der Menge fesselt).*

Plinius der Ältere, der am 24. August des Jahres 79 beim Ausbruch des Vesuvs sich nahe an den Unglücksort Pompeij hatte rudern lassen und vor einer unheilig dunkelstdräuenden Aschewolke ins nur fünf Kilometer nahe Stabiae retirierte, um am folgenden Tag dort zu sterben – ob er, zeitversetzt, eingeatmeten Gasen oder einem Asthmaanfall erlag, einer Herzattacke oder einem Schlaganfall, ist bis heute ungeklärt –, hatte in seiner gewaltigen »Naturalis historia«, seiner sich auf 37 Bände summierenden »Naturkunde«, ein ausgefallenes Tier rapportiert. Von diesem behauptete er in seinem Querschnitt älteren und damals gegenwärtigen Wissens: *Nabun*

Aethiopes vocant (die Äthiopier heißen es Nabun). Dessen Hals gleiche einem Pferd, die Schenkel seien die eines Rinds, der Kopf entstamme einem Kamel. Weil das Fell rötlich grundiert sei und weiße Flecken aufweise, wäre ein anderer Name passender: »Camelopardalis«.

In Rom hatte als erster Gaius Julius Caesar es eine Generation nach Horaz vorgeführt, im Jahr 46 v. Chr. Das neu erbaute Forum weihte der auf zehn Jahre gewählte Diktator, der den Rivalen Pompeius geschlagen und Kleinasien wie Kleopatras Ägypten sich unterworfen hatte, ein, indem er der großen römischen Götterschar nach einem Triumphzug durch die Kapitale 400 Löwen opfern ließ und eine Giraffe.

280 Jahre nach Caesar hielt Marcus Antonius Gordianus, Gordian III., der 238 im Alter von 13 Jahren römischer Kaiser wurde und 244 starb, in seinem mit 537 wilden Tieren gefüllten Zoogehege an der Porta Praenestina zehn Giraffen. Waren es dieselben, die wenige Jahre später, am 21. April des Jahres 248, anlässlich der Feiern zum 1000. Jahrestag der Gründung Roms bei einer grässlichen Schlächterei, der auch 32 Elefanten und 60 Löwen, ein Flusspferd und ein Rhinozeros zum Opfer fielen, im Amphitheater hingemetzelt wurden?

Die wagemutige Collage-Evolutionshypothese sollte die folgenden 15 Jahrhunderte rund um den Globus kursieren und das Apokryphe von Schriftwerk zu Schriftwerk weitergegeben werden. Fast ausnahmslos ohne eigene Ansicht. Kosmas, ein Kaufmann und späterer Mönch, der den Namenszusatz »Indikopleustes«, Indienfahrer, angehängt bekam, war einer der wenigen, der mit eigenen Augen eine lebende Giraffe sah. Bei ihm waren es sogar zwei, er sah und zeichnete sie um das Jahr 525 am Hofe des äthiopischen Königs in Axum, dem heutigen Aksum.

Bischof Isidor von Sevilla (um 560–636) führte in seinen »Etymologiae«, einer Querschnitts-Synopse des gesamten Wissens seiner Zeit, das Tier, genennet »Chamelopardus«, auf das Chamäleon zurück.

Um das Jahr 1022 herum schrieb der arabische Geograf Ibn-al-Fagih, bei dem Tier mit dem langen Hals handele es sich um eine Mischung aus Kamel und Panther. *Der 1203 in Persien geborene Arzt und Autor einer Kosmographie ›Abu Yahya Zakariya' ibn Muhammad Al-Qazwini‹ behauptete in dieser Schrift über Abessinien gar, wenn sich eine Kamelstute und eine männliche Hyäne kreuzen würden und das aus ihrer Verbindung entstandene männliche Junge sich seinerseits mit einer wilden Kuh paare, entstünde daraus eine Giraffe.*

Albertus Magnus (um 1200–1280) aus Lauingen an der Donau listete in seinem Sammelwerk »De animalibus« ordentlich teutsch durchnummeriert insgesamt 477 Tierarten auf, 113 Vierfüßler, 114 fliegende, 140 schwimmende und 61 kriechende. Plus 49 Würmer. Die Giraffe tauchte bei ihm auf als: »oraflus«, »anabula«, »seraph« und »camelopardulus«. Zu seinen Lebzeiten soll der Hohenstaufen-Kaiser Friedrich II. (1194–1250) eine Giraffe sein Eigen genannt haben, so wie angeblich bereits sein Großvater Friedrich I. Barbarossa. Er unterhielt eine große Menagerie. Mit seinen vielen und vielfältigen Tieren reiste der Reise-Imperator durchs Land, *was von da an für seine angevinischen Nachfolger und für die Stadtfürsten Italiens zum festen Bestandteil ihrer öffentlichen Repräsentation wurde,* im Jahr 1235 mit Giraffe und weiteren Vertretern exotischer Spezies durch seine Herrschaftsgebiete nördlich der Alpen. 24 Jahre später schloss Vincent de Beauvais (1190–1264) seinen »Speculum maius« ab, die *größte scholastische Zusammenfassung des Wissens im 13. Jahrhundert,* bis ins 16. Jahrhundert immer wieder rege nachgedruckt. Darin tauchte die Giraffe als »anabulla« auf, als, hinlänglich bekannt inzwischen, »camelopardus«, als »onocentaurus« und als »orosius«.

500 Jahre vor Freud wurde schon Oneirologie, die Ausdeutung von Träumen – das griechische oneiros bedeutet: Traum –, praktiziert, jenseits von Eros und Thanatos. Dafür mit Giraffe. Dem kairuanischen Gelehrten Muhammad ibn Musa al-Damiri (1341–1405) und seinem Werk »Hayât-alhaiwân«, »Das Leben der Tiere«, zufolge war die Giraffe, die auf Arabisch »Zarafa«, »Zurafa« oder »Sarafa«, zu Deutsch: die Liebliche, genannt wurde, ein Stellvertretersymbol kommenden Unheils finanzieller Art. Zugleich verheiße es schlechte Nachrichten.

Via Arabien tauchten im Spanien des 13. Jahrhunderts Berichte über die bizarre Laune der Natur auf. Der Gesandte, der das iberische Reich am Hofe Timur Lenks, besser bekannt als Tamerlan der Große, in den Jahren 1403 bis 1406 bekleidete, berichtete, auf dem Weg nach Samarkand in Aserbaidschan den Weg einer Gesandtschaft des, wie es bei ihm hieß, Sultans von Babylon gekreuzt zu haben. Die diplomatische Eskorte hätte seltene Tiere mit sich geführt, darunter eine »Jornufa«, die für Timur bestimmt war. Tatsächlich handelte es sich um eine Gruppe, die der Mamluken-Sultan von Ägypten Faradsch ibn Barquq auf den Weg gebracht hatte, und zwar um die Niederlage des osmanischen Sultans Bayezid I. gegen das turko-mongolische Heer Timurs auszunutzen. 1471 sahen zwei andere Reisende, Venezianer, am persischen Hof ein lebendes Exemplar, das sie, je nach Transkription des Gehörten, als »Girnaffa«, als »Zirapha«, als »Zirnapha« bezeichneten.

Da wurden Giraffen schon aus dem ganz tiefen Süden hergebracht. Bereits während des Neuen Reiches (1540 bis 1070 v. Chr.) gab es im Niltal nicht ein einziges Exemplar mehr. Die Darstellungen, die während der 18. Dynastie (1540–1292 v. Chr.) entstanden – waren sie Sehnsuchtsbilder? Oder Abschilderung von Tributzahlungen in animalibus aus Nubien in Gestalt lebender Tiere? *Eine Giraffe wurde auch von einer unter Hatschepsut (reg. ca. 1479–1458 v. Chr.) ausgerüsteten Expedition in das Land Punt mitgebracht, deren Ausbeute in den Reliefdarstellungen an ihrem Grabtempel in Deir el-Bahari dokumentiert ist. Aufgrund der dargestellten Fauna ist der Besuch Ostafrikas beweisbar. In dem von Ramses II. (um 1303–1213 v. Chr.) in Beit el-Wali (Antikes Nubien) errichteten Felsentempel ist an der Wand unter den Geschenken an den Pharao eine Giraffe hinter einem Leoparden, begleitet von Nubiern mit Affen, zu sehen* (siehe Abb. S. 89). Die Nilanrainer nannten das gelbgefleckte Tier »sr«, im Altägyptischen waren Vokale unbekannt. Das soll, wie der deutsch-amerikanische Sinologe und Kurator für Anthropologie am Field Museum of Natural History in Chicago Berthold Laufer 1928 spekulierte, lautmalerisch *die beständig schwingende Bewegung einer in Ruhe befindlichen Giraffe* wiedergegeben haben. Von dort ist der Weg nicht weit zum äthiopischen »zarat« und später zum arabischen »zarafa«. 70 Jahre nach Laufer machte Lynn Sherr auf anderes aufmerksam. Das kehlig-nasale »sr« konnte, so ihr Hinweis, auch *vorhersagen oder prophezeien* bedeuten, was auf die gute weite Sicht, die das Tier aus beachtlicher Höhe unverbaubar genießen kann, zurückgeführt wird. Einen Kontinent weiter, in Asien, war und blieb die Giraffe lange Zeit unbekannt. Dass das Staunen erregende Fabelhalswesen wieder via Persien, entscheidende Drehscheibe des Handels wie des Wissenstransfers, nach China gelangte, ist kaum eine Überraschung. Im »Land der Mitte« tauchte es erstmals im 10. Jahrhundert auf. Die Chinesen nannten es »k'ilin« oder »qulin«. Und es verwundert ebenfalls nicht, dass es anno 1225 ein Zollbeamter namens Chao Ju-Kua war, ob seines Berufsstands prädestiniert für den ersten, späterhin steten Kontakt zu Menschen aus fremden Ländern, der in seinem Werk »Chu fan chi« (»Beschreibung von Menschen aus fremden Ländern«) eine Giraffe beschrieb. Durch ausländische Kaufleute und Handelsreisende hatte er von diesem bizarren Tier aus Ostafrika Kunde erhalten. Das arabische »Zurafa« wurde ihm zu »Tsu-la«.

Mittlerweile historisch nachgewiesen sind Tierimporte von der Malabarküste an der Südwestküste Indiens, wo sich chinesische, arabische und indische Handelswege interkontinental kreuzten. In der Zeit der maritimen Expansion unter Admiral Zheng He zwischen 1405 und dem neuerlichen isolationistischen Einigeln 1433 gelangten Giraffen übers Meer nach China, so 1414, im 13. Jahr der Regentschaft Yongles, des dritten Ming-Kaisers, als Geschenk des Sultans von Bengalen an den »Sohn des Himmels«. Der Dichter, Maler und Kalligraf Shen Du porträtierte das gelbe Tier, gehalten von einem Wärter in Rot, auf einem gelb eingefärbten Hängebild. Und flankierte es mit einem Poem.

Eine Giraffe als Tribut des Sultans von Bengalen an Kaiser Yongle von China (Ming-Dynastie). Kopie nach einem Bild von Shen Du, 1414.

Die Medici-Giraffe

1487. Fünf Jahre, bevor ein Genueser in Amerika anlandete und es für Indien hielt, entdeckte eine Giraffe Florenz. Wofür sie die Toskana hielt, ist nicht überliefert.

Wildexotische Tiere zu sammeln, war ein verbreitetes Hobby der Fürsten der Renaissance. Die Grafen von Mailand *hielten englische Jagdhunde, Leoparden und Jagdvögel; der Papst besaß Elefanten, Nashörner und ungarische Bären.*

Dem mittelalterlichen Staunen und der Angst vor dem Monströsen, monströs Unerklärlichen der Natur war Neugier gewichen, immer endloserer, immer ausgreifenderer Neugier. In der Frühen Neuzeit, der Renaissance – wobei die Renaissance-Menschen kaum selber wussten, dass sie Renaissance-Menschen waren –, würde man, wie William Shakespeare in »The Tempest«, »Der Sturm«, Akt 2, II. Szene, von 1611 spöttelte, *Any strange beast there makes a man. When they will not give a doit to relieve a lame beggar, they will lay out ten to see a dead Indian,* einem lahmen Bettler noch die kleinste Münze verweigern, für einen toten Indianer gäbe man aber gerne derer zehn.

Und nichts war so aufsehenerregend, so überraschend überragend wie – die Giraffe.

Und wie könnte eine ohnehin mächtige Bankiersfamilie ihre Macht und ihr Prestige noch erhöhen? Durch – eine Giraffe!

Die Stadt am Arno, nominell noch immer eine Republik, besaß damals den *beeindruckendsten Zoologischen Garten in ganz Italien.* Im Palazzo Vecchio lebten bis 1350 25 gut genährte Löwen. Und die Florentiner Leoparden, bei der Jagd eingesetzt, wurden europaweit gerühmt. *Außerdem gab es Tiger, Bären, Bullen, Wildeber, arabische Pferde und Greyhounds.* Die Medici mussten regelmäßig aus Status- wie aus stadtpolitischen Gründen die Massen unterhalten. Und taten dies seit 1459 durch Tierkämpfe alla Roma antica. Die Piazza della Signoria wurde abgesperrt und zur provisorischen Arena umgewandelt. Das erste solche Zerfleischungsentertainment Cosimo de' Medicis, il Vecchios, geriet zum Reinfall, die Löwen verweigerten jegliche Reißarbeit.

Florenz unterhielt gute Verbindungen in die muslimische Welt, vor allem zur Hohen Pforte, die ihrerseits mit Venedig, Florenz' Gegner, im Krieg lag. Doch die Giraffe des Jahres 1487 stammte aus dem Ägypten der Mamluken, die seit 1467 gegen die Türken kämpften, die ihr Territorium okkupieren wollten. Das hohe Tier war also Wechselprämie, ein Bauer eines diplomatischen Schachspiels. Die Medici hatten auf ihrem Landsitz in Feno ein eigenes »Seraglio«, einen Tierpark; alles andere als zufällig leitete sich das italienische Wort vom türkischen »saray« ab. Was unterstrich, welch nicht zu unterschätzende Transferrolle im globalen West-Ost-Austausch die muslimischen Herrscher der Levante einnahmen.

Lorenzo de' Medici war Ende 1469 an die Macht gekommen. Er wusste allzu gut, wie die Medici-Maschinerie funktionierte. Und zu funktionieren hatte. Zugleich wollte er mehr. Diese Ambivalenzen bestimmten seine Persönlichkeit. Widersprüche waren bei ihm, dem scharfsinnigen Mann mit dem auffällig dunklen Teint, unübersehbar: größer gewachsen als der Durchschnitt, breitschultrig, muskulös und lebhaft, war er extrem kurzsichtig und hatte eine

Nase im Gesicht, die aussah wie eine Kartoffel, auf die jemand getreten war. Er genoss eine exzellente Erziehung und war ein jugendlicher Schürzenjäger. Er war fromm und dichtete leicht anrüchige Lieder, ein Politiker und Poet. Mehr strebte er an, als »nur« Bankier und Kaufmann zu sein. Ein Prinz, ein Fürst!

Renaissance bedeutete konkret auch Rückgriff auf die römische Vergangenheit der terra italica. Zu Cäsar. Und zu einer Giraffe alla Giulio Cesare. Seine politischen Gegner hatten ihn schon hie und da als cäsarianischen Diktator zu diffamieren versucht. Was Lorenzo positiv sah, es schmeichelte ihm. 1485 verhandelte ein florentinischer Abgesandter in Kairo mit dem betagten, noblen Sultan Kait-Bay, einem gebürtigen Tscherkessen, über neue, extensivere Handelsbeziehungen. Im Sultanpalast muss dieser Paolo da Colle auch erstmals gesehen haben, was sein Dienstherr Lorenzo nur aus römischen Texten kannte und was er begehrte: *ein seltsames Tier, das die Einheimischen Zerafa nannten.* Kait-Bay war der Europäern Kobern genehm. Denn sein Opponent, der osmanische Herrscher Bayezid II., hatte gerade mit Ungarn, Venedig und Ragusa Frieden geschlossen und konnte sich und seine Truppen ganz auf Kairo konzentrieren. Kait-Bay brauchte das reiche Florenz mehr denn je.

Es war ein Sonntag, es war der 11. November, *Festa di San Martino*, Martinstag. Die Einwohner von Florenz erwachten. Und sahen bass Erstaunliches auf den heimatlichen Gassen – waren die drei Weisen aus dem Morgenland viel zu früh gekommen? Blauäugige Fremde in weißem, weichfließendem Tuch und mit hohen Turbanen auf den Köpfen waren unterwegs. Sie zogen, eine unchristliche Prozession, durch die Stadt, dunkelpigmentierte Diener trugen kostbare Metalltruhen und große Bündel mit teuren arabischen und asiatischen Textilien. Was die Florentiner aber zurücktaumeln und ihren Augen kaum trauen ließ, war etwas, dessen seit Jahrhunderten keiner in Europa mehr ansichtig geworden war – ein geflecktes Tier mit außergewöhnlich langen, ganz dünnen Beinen, einem höckerigen Leib und einem Schlangenhals. Eine Giraffe.

Sie promenierte durch die vicoli und über die piazze, sie schaute freundlich auf die Menge herab, die sich inzwischen im Freien zusammengefunden hatte, sie beugte den langen, so langen Hals, um Obststände näher zu beäugen und Ställe. Die sanften, weichen, leicht feuchten Augen mesmerisierten die Florentiner. Die neuen Gäste aus Mamlukenland wurden zu ihren Unterkünften eskortiert und die Tiere zur städtischen Menagerie. Am folgenden Tag traf Kait-Bays Emissär ein, Muhammad ibn Mahfuz al-Maghibi, von italischen Zungen transformiert zu »Malfota«. Er breitete beim großen Empfang auf der Piazza della Signoria alle seine Präsente aus, von chinesischem Porzellan bis zu Teppichen aus Persien und dazu für Lorenzo ein zeremonielles Zelt, das bei den Mamluken Königen vorbehalten war.

In Florenz blieb Malfota mit Entourage ein ganzes Jahr lang. »Lorenzo's exotic belle« (Marina Belozerskaya), die Giraffe, wurde zum Liebling der weiblichen Stadtgesellschaft, täglich pilgerten Damen zu ihr, um sie zu füttern. Die Kunde von diesem Wundertier zu Florenz verbreitete sich in Europa. Lorenzo ließ für sein haushohes Haustier ein eigenes Stallgebäude errichten, das auch *in den Wintermonaten* geheizt wurde, *so dass die feuchte Kälte von Florenz ihr nichts anhaben könnte*. Doch an die Umstände scheint sich das Tier nie zur Gänze gewöhnt zu haben. Sie starb schon im Jahr 1488, wann genau, ist nicht überliefert. Eine Quelle verweist auf den Januar; als Anne de Beaujeu, Anne de France, als Vormund ihres Bruders Karl VIII. die energische Regentin Frankreichs, jedenfalls den Medici im April 1488 bat, ihr, wie verheißen, die Giraffe zu übersenden, war es zu spät. Das Tier hatte sich den Hals zwischen den Dachbalken ihres Stalls fatal eingeklemmt, war in Panik geraten und hatte sich die Halswirbel gebrochen. Die Giraffe war auf der Stelle tot. Die Stadt trauerte tief.

Lorenzo de' Medici starb 1492, seine Krankenakte war lang gewesen, Gicht, Asthma, Niereninsuffizienz, Arthrose, Magenprobleme. Sein Nachfahre Cosimo I. de' Medici, der 18-jährig im Jahr 1537 Herzog von Florenz wurde, 1569 Großherzog, ließ jeden Saal des mediceischen Palazzos mit Triumphbildern ausmalen, die die Großtaten seiner Dynastie verherrlichten. Giorgio Vasari wurde 1556 auferlegt, den Lorenzo gewidmeten Saal auszumalen mit einem Tableau, das il Magnifico, den Prächtigen, in hellblauem Gewand zeigt, sein kleiner Sohn in Kardinalsrot kniet ihm zu Füßen und die dritte im Bunde war: das fast fünf Jahrzehnte zuvor verstorbene, unvergessene Giraffenweibchen. Gewürdigt wurde nicht der Kunstförderer, der Mann der Bildung, sondern Lorenzo, dessen Lebensleistungskrönung der Besitz der Giraffe war. Seine Nachfolger – zugleich dynastische Mythologisierer in eigener Sache – sahen in diesem Tier jedenfalls *das feinste Symbol seines Aufstiegs*.

oben links: Giorgio Vasari: Lorenzo der Prächtige erhält den Tribut der Botschafter, zwischen 1556 und 1558.

oben rechts: Domenico Ghirlandaio (1449–1494): Die Anbetung der Könige, zwischen 1485 und 1490 (Ausschnitt mit Medici-Giraffe)

Mitte: Bacchiacca (Francesco Ubertini, 1494–1557): Das Sammeln von Manna, 1540/1555 (Ausschnitt)

unten: Gentile Bellini (1429–1507): Die Predigt des heiligen Markus in Alexandria, ca. 1507 (Ausschnitt)

Sternbild Camelopardalis

In der Antike wurden die Sterne der Giraffe keinem Sternbild zugeordnet. Erst der niederländische Kartograf Petrus Plancius führte Camelopardalis im Jahr 1613 ein, offensichtlich, um die vermeintliche »Lücke« am Himmel zu schließen. Der deutsche Astronom Jacob Bartsch, ein Schwiegersohn von Johannes Kepler, übernahm das Sternbild in sein 1624 erschienenes »Planisphaerium Stellaris«. Er sah darin ein in der Bibel erwähntes Reittier, auf dem Rebekka zu ihrer Hochzeit ritt. Offensichtlich glaubte Bartsch, dass es sich um ein Kamel handelte. Auch der Danziger Astronom Johannes Hevelius nahm das Sternbild in seinen einflussreichen, 1690 erschienenen Sternkatalog auf.

oben links: Darstellung der Sternenkonstellation; oben rechts: Aus dem Sternatlas von Johann Elert Bode von 1782. unten: Darstellung in »Firmamentum Sobiescianum, sive uranographia« von Johannes Hevelius 1690.

Menagerien und Zoos

Alle Zoos sind Palimpseste, geschaffen durch Schübe von Aktionismus ihrer Direktoren, sich verändernder Stile, von plötzlich fließenden Geldmitteln. Wer heute Saint-Mandé hart östlich von Paris besucht und vor dem Rathaus mit der zeitgenössisch gläsernen Dachausbau-Ergänzung steht, hört der aus der Erde noch ein Fauchen, ein Scharren und Brüllen aufsteigen, spürt der ein leises Winseln und röchelnd betrübtes Stöhnen? Denn wo die mairie steht, die Bürgermeisterei, war einst das Gelände der Menagerie des von 1643 bis 1715 regierenden Königs Louis XIV. *Seit Beginn der bürgerlichen Wildtierhaltung mit der Menagerie im Jardin des Plantes zum Zeitpunkt der Französischen Revolution entstanden im europäischen Raum bis zur Wende zum 20. Jahrhundert rund vierzig zoologische Gärten.* Künstliche Paradiese. Und tatsächlich geht die Geschichte des Wortes »Paradies« weit zurück, bis zu Königen in Mesopotamien, dem Zweistromland, die die ihnen als Tributzahlung präsentierten exotischen Tiere in weitläufigen Parks hielt, den »paradeisoi«. *Diese königlichen Domänen waren das Modell für den Garten Eden.*

Das louisianische Tierareal diente nicht ausschließlich der Erbauung, der Unterhaltung und dem Staunen, es bildete eine wichtige Ressource für vergleichend vorgehende und forschende Anatomen. Sie beugten sich mit Vorliebe über die Innereien, das Innenleben ausgeweideter exotischer Tiere, sie beschrieben die Organe und versuchten, deren wirkweisende Zusammenhänge zu verstehen. Sie präparierten, konservierten, stellten aus.

Um die Mitte des 18. Jahrhunderts, eine Generation nach dem Tod Louis XIV., des »roi soleil«, des

Sonnenkönigs, dessen Strahlkraft nach vielen Feldzügen, vor allem nach dem verheerend verlaufenden Spanischen Erbfolgekrieg sich bedenklich katastrophisch eingedunkelt hatte, begann sich die Zusammensetzung der in der Menagerie gehaltenen Tiere zu verändern. Und damit einhergehend – wohl es in erster Linie es bedingend – änderte sich das Verhalten des Publikums. In den 1760er- und 1770er-Jahren gelangten immer exotischere Tiere des indischen Subkontinents nach Vincennes. Und ab den 1780er-Jahren dann noch ungewöhnlichere Spezies aus dem südlichen Afrika. Die zwei Entwicklungen unterschieden sich. War die erste Welle eher Zufall und Entrepreneur-Kontingenz zu verdanken, so wurde der Import aus Afrika auf Wunsch des französischen Königshauses betrieben. Und vorangetrieben. Denn die Wunder der Welt sollten nicht ausgehen. Zebras hatten schon für Aufsehen gesorgt. Dann kamen Elefanten. Schließlich Nashörner mit aufsehenerregender faltiger Haut, die sich so fremdartig dick anfühlte, sofern man überhaupt wagte, sich einem dieser wuchtigen Tiere mit dem gefährlichen, ja tödlichen Horn fatal zu nähern. Es gab auch Vögel, deren Federkleider jeden Regenbogen neidisch machten. Von einem solchen berichtete 1771 der Duc de Croÿ, nachdem er die Menagerie besucht hatte. Was ihn aber noch mehr erstaunte, *was meine volle Aufmerksamkeit auf sich zog, [...] war ein Rhinozeros, das M. Bertin vor einem Jahr vom Kap der Guten Hoffnung hergebracht hatte; es ist das erste männliche Exemplar in Europa. Vor zwanzig Jahren gab es bereits ein ausgewachsenes in Paris, es war aber ein Weibchen.* Es wurden bereits kleine Dressur-Sensationen präsentiert. So waren die

Besucherscharen jedes Mal von Neuem hingerissen, wenn der Elefant mit seinem Rüssel eine Weinflasche entkorkte und sich bereitwillig wie neugierig aus den angebotenen *Tabatièren* bediente.

Damit ist der zentrale Punkt der Menagerien erwähnt, das Schauen. Dessen Geschwisterzwilling: Schaulust. Die immer wieder Neues erzwingt. Sonst geht ihr das Wesentliche verlustig, das Spekulieren auf Spektakuläres. Auf Neues, Unerhörtes, nie Gesehenes. *Schaulust manifestiert sich erst am Objekt, an dem sie sich spielerisch abarbeitet und es so, wie sich selbst und den Blick, den sie lenkt, verändert*, meinte Stephan Oettermann, seines Zeichens Schaulust- und Panoptikums-Historiker. Neues zu schauen bedeutete aber auch, in der aufziehenden aufgeklärten Wissenschaftsszenerie zu ordnen, zu kategorisieren, die Einträge in Permanenz zu ergänzen, zu aktualisieren, zu revidieren. So verfasste Georges-Louis Leclerc, Comte de Buffon (1707–1788), Professor für Naturgeschichte zu Paris und zeitgleich Intendant, also Direktor, des Jardin du Roi, des heutigen Jardin des Plantes, wie des royalen Naturalienkabinetts in den 40 Jahren zwischen 1749 und 1788 die 36 Bände seiner »Histoire naturelle, générale et particulière«. Dieses riesenhafte lexikalische Unterfangen wurde bei jedem Nachdruck ergänzt und verbessert, je nachdem, was den szientifischen Blickwinkel um ein Grad oder gar um mehrere Grade und noch mehr Spezies zu erweitern vermocht hatte. Im Jahr 1769 gelang es dem britischen Marinekapitän Philip Carteret, am Horn von Afrika ein, so seine Worte, *merkwürdiges, angsteinflößendes Tier* mit Stift auf Papier festzuhalten. Seine Zeichnung sandte er an die Zoological Society zu London. Als Bezeichnung respektive Gattungseinordnung gab er das Wort »Camelopardalis« mit. Kein Jahr später, 1770, fand sich die Skizze als Kupferstich in Buffons »Naturgeschichte« wieder. Es handelte sich um ein Tier, hochgeständert auf langen dünnen Beinen und mit sinnlos langem Hals – es war eine Giraffe.

Georges-Louis Leclerc, Comte de Buffon (1707–1788). Buffon verwendete in seiner »Naturgeschichte« Schwarz-Weiß-Illustrationen, das hier gezeigte Bild stammt aus einer Sonderausgabe aus dem Jahr 1790.

Ein Dutzend Jahre später aber war François Le Vaillant im Sold der Vereenigden Oostindischen Compagnie (VOC), der Niederländischen Ostindien-Kompanie, 1602 gegründet und 175 Jahre lang eine Weltmacht, in Südafrika unterwegs. Von 1781 bis 1784 erforschte der im surinamesischen Paramaribo geborene Kaufmannssohn, Autor, Entdecker und Wissenschaftler, der die Nomenklatur des Schweden Linné für sich verwarf, stolzer Franzose, der er war und daher den von ihm gesammelten afrikanischen Vögeln ausschließlich französische Namen gab, das südliche Afrika, reiste von der Küste bis zur Kalahari-Wüste. Als Erster lieferte er eine wissenschaftlich seriöse Beschreibung des langhalsigen Tiers namens Giraffe. Und brachte nach Paris Fell und Skelett eines Exemplars mit, das er dem Muséum national d'Histoire naturelle übereignete.

Im 19. Jahrhundert, in der Epoche nach Napoleon, wurde der Besuch eines Zoologischen Gartens, zu dem die Menagerien sich inzwischen gemendelt hatten, ein Bildungserlebnis. Dieses löste das reine Schauvergnügen ab, den Schauerkitzel über all das Ungewöhnliche, Merkwürdige, Bizarre, zu dem die Fauna in Potenz Potenzial hatte. Die Fahrt zum Zoo wurde gesittete Bildungsreise. Der gedruckte Zooführer wurde dabei zum Reiseführer. Die Reise führte nicht in unwirtliche, abweisende, unzivilisierte, ja den Tod bringende Gegenden. Sondern nur über einige wohlbekannte Avenuen und Boulevards. Bis man dort dann, im »Tiergarten«, den Geruch von Abenteuer und Ferne und Exotik erleben und erfahren konnte. Das in den Tierparks so Wohlgeordnete führte man auch in überaus beliebten »Kinderkarawanen« vor, bei dem Elefanten und Kamele, manchmal auch afrikanische Esel, Kinder gutmütig einen Parcours hindurchtrugen. Das Ungewisse war somit gebändigt, es wurde zum leichten Kitzel. Die wilden Tiere waren hinter Gittern, hinter Glas, sicher separiert durch Gräben. Die Beobachterposition war eine saturierte, eine ästhetische. Die sehr bald, nahezu zeitgleich, doppeldeutig wurde. Denn es entstand Mitleid mit den ihrer eigentlichen, natürlich angemessenen und gewohnten Umgebung entrissenen und karzerisierten Tieren. Es entstand Mitgefühl. 1837 wurde in Stuttgart der erste Tierschutzverein in Deutschland gegründet. Es war der zweite der Welt. Engländer waren um 13 Jahre schneller gewesen. 1824 gewährte der englische Königshof der Society for the Prevention of Cruelty to Animals gnädigerweise ihre Patronage; drei Jahre später durfte diese Tierschutzorganisation ein »R« für royal dem Namen beifügen und ist seither unter dem Kürzel RSPCA bekannt und aktiv.

Unbekannter spanischer Lithograf des 19. Jahrhunderts: »Verkehrte Welt«

Konstantinopel

Vor London war Istanbul die verzaubernde Metropole. Istanbul, Konstantinopel, Byzantion, Byzanz. Dorthin hatte, dem Sultan als Präsent zugedacht, Mehmet Ali seine erste Giraffe entsandt. Sie stammte aus Sannar, war 1823 jung eingefangen worden und hatte, nach der Fahrt nilabwärts, fast ein ganzes Jahr in des Paschas Sommerpalast in Schubra al-Chaima, heute nördliche Endstation der Cairo Metro Line 2, im Nildelta verbracht. Die Fahrt durchs östliche Mittelmeer war abenteuerlich. Das Schiff scheiterte vor den Dardanellen, die Giraffe und die 21 ebenfalls an Bord befindlichen Araberhengste konnten gerettet werden. Zu Fuß ging es weiter in die Kapitale am Bosporus.

Das Langhalstier war nicht das erste Exemplar, das man in dieser Stadt erschauen konnte. 1497 hatten zwei italienische Reisende berichtet, in einer umgewandelten christlichen Kirche – 40 Jahre zuvor war die Stadt durch Eroberung muslimisch geworden – nahe beim Hippodrom einer Giraffe ansichtig geworden zu sein. 240 Jahre zuvor hatte der König von Äthiopien an Kaiser Michael Palaiologos eine Giraffe als Präsent übersandt. Zur Belustigung der städtischen Bevölkerung musste sie sich mehrere Tage lang kreuz und quer durch Byzanz führen und bestaunen lassen. Georgios Pachymeres ließ es sich nicht entgehen, sie und ihr Verhalten präzis zu studieren. Sie sei, so der Historiker und Universalgelehrte, staunenswert zahm gewesen, Kinder hätten mit ihr gespielt, sie hätte sich von Gras ernährt, aber ebenso gerne Brot und Gerste zu sich genommen.

Bereits im 11. Jahrhundert war dem Herrscher Konstantin IX. in Byzanz eine Giraffe aus Ägypten als politische Bezeugung geschenkt worden. Die Einwohner des christlichen Byzanz beäugten solch ungewohnte exzentrisch-hybride Kreaturen, die in ihrer fantastischen Erscheinung so merkwürdig heidnisch anmuteten, mit mehr als nur leichtem Unbehagen. Wenn auch die Giraffen sie für sich ob ihrer Sanftmut und Ungefährlichkeit einzunehmen wussten. Schließlich war eine Frage nicht leichthin von der Hand zu weisen: Wenn solch eine schreckliche Kreatur, entstanden aus zwei scheinbar komplett inkompatiblen Tierspezies – vergessen Sie an dieser Stelle nicht den immer noch gelesenen Plinius und seine animalische Pferd-Rind-Kamel-Collage! –, existierte, welch andere, vielleicht noch fürchterlichere dämonisch-teuflische Andersweltiere würde es denn dann noch geben? Die irgendwann jäh und unerwartet und bösartig auftauchten? Was würde aus tiefsten Tiefen aufsteigen oder aus hoher Höhe einfallen – Drachen, Monstren, blaue Tiger, bepelzte Riesenkrokodile, Menschtiere, Tiermenschen, Kreaturen, halb anthropos (Mensch), halb kyōn (Hund) *mit bis zum Boden reichenden Ohren oder anderen, die keinen Mund haben und daher ausschließlich vom Geruch der Äpfel leben*?

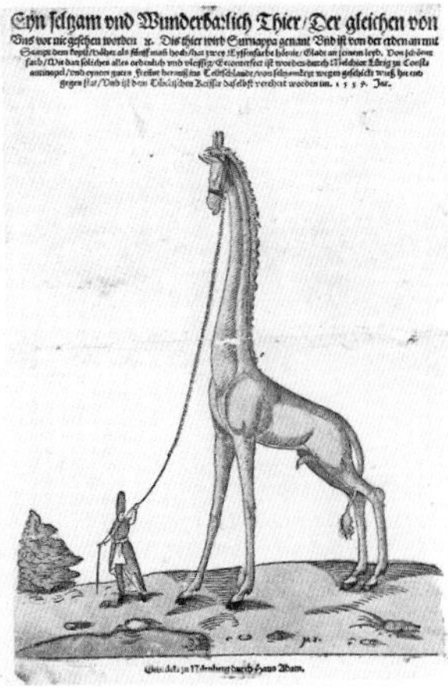

»Eyn seltsam und Wunderbarlich Thier/Der gleichen von Uns vor nie gesehen worden. Dis thier wird Surnappa genant Und ist von der erden an nur Sampt dem Kopff höher als fänf man hoch/hat zwey Eyssenfarbe hörnle/Gladt an seinem Leyb. Von schöner farb/Wie dan soliches alles ordenlich und vleissig/Geconterfeit ist worden durch Melchior Lürig zu Constantinopel/und eynem guten freunt herauß ins Teitschlandt/von selzamkeyt wegen geschickt wieß hie entgegen stat/Und ist den Türckischen Keisser daselbst verehrt worden im 1559. Jar. Gedruckt zu Nürnberg durch Hans Adam.« Eine Kopie des Stichs findet sich (später) auch bei Conrad Gessner (S. 92 u.).

323 Jahre später. Herbst 1826. Bahr el Zeraf in der Nähe des Blauen Nils in der Region Kordofan, heute Darfur im Sudan. Bahr el Zeraf, das Zubringergewässer, heißt wörtlich Giraffenfluss, da bevorzugt Aufenthaltsgebiet dieser Tiere. 1821 war bis hierher der französische Forscher Frédéric Cailliaud im Schlepptau der ägyptischen Invasionsarmee vorgestoßen. *Die Segel seines Schiffes waren seit den Zeiten der alten Ägypter, die wegen Sklaven nach Süden gekommen waren, die ersten, die dort auftauchten.* Cailliaud sah bei Sannar *»rechts und links« des Blauen Nils Giraffen, Affen, Hyänen und Elefanten, deren Herden das Gebiet nach Norden fast bis Ägypten durchstreiften. [...] In den folgenden drei Jahren der Eroberung Mehmet Alis sollten die wilden Tiere jedoch aus dem Gebiet vertrieben werden, so dass Zarafa 1824 mehr als 300 Kilometer weiter südöstlich geboren wurde.*

Aus einer Giraffenherde werden zwei Kälber von Arabern herausgepickt und eingefangen. Dann an Mukar Bey verkauft, den Gouverneur von Sannar.

Mukar Bey wiederum schickte die Giraffen gen Norden, nach Khartoum. Für die Reise wurden die zwei Jungtiere auf Kamele verfrachtet und festgezurrt. In Khartoum auf ein Schiff geladen und nach Kairo gebracht. Als diplomatisches Präsent für Muhammad Ali Pascha, den Vizekönig von Ägypten. 1769 in Albanien geboren, zum osmanischen General aufgestiegen, hatte er sich 1811 selbst zum Pascha übers Nil-Land proklamiert; ab 1825 war er, als Herrschaftstrabant, in die Unterdrückung der europaweit Enthusiasmuswellen schlagenden griechischen Unabhängigkeitsbewegung verwickelt. Unbill seitens der Hohen Pforte war ihm auch entgegengeschlagen, als er darangehen wollte, Ägypten nach Vorbild der europäischen Mächte zu organisieren. Um deren Sympathien zu sichern, ersann er das Besänftigungsmanöver per animalibus.

Ali sah in den zwei Tieren politische Türöffner, extrem wertvolle Geschenke an die Hohe Pforte und an Herrscher in Europa, Charles X. von Frankreich und George IV., Regent des englischen Empire. Eine entscheidende Rolle bei der Umgarnung spielte ein Piemontese, der die 50 überschritten hatte, diesen Umstand jedoch mit einem mächtig wippenden Schnurrbart ausglich.

Sein Name lautete Bernardino Drovetti, *un diplomate protéiforme.* Er erinnert erstaunlich an den Schauspieler John Rhys-Davies als Sallah in Steven Spielbergs Indiana-Jones-Filmen. Noch nicht volljährig hatte er 1796 die Truppen General Napoleon Bonapartes unterstützt und gegen die Habsburger gekämpft, wurde schwer an einer Hand verletzt, sie blieb fürderhin verkrüppelt. 1802 kam er, inzwischen

Jurist, als französischer Vizekonsul nach Alexandria. Im aus europäischer Sicht rückständigen Ägypten fungierte er als Konsulent, Handelsbeauftragter, Geschäftemacher. 1806 wurde er Generalkonsul und folgte auf diesem Posten seinem Jugendfreund Mathieu de Lesseps, dessen Sohn Ferdinand Jahrzehnte später ebenfalls diese Stelle bekleidete, bevor er daranging, den Suezkanal zu bauen. Der bekannte romantische Schriftsteller François-René de Chateaubriand machte 1806 auf dem Weg nach Jerusalem (Michel Allin: *seine neue Geliebte hatte die Wallfahrt ins Heilige Land als Gegenleistung für ihre Gunst verlangt*) Zwischenstation in Alexandria und traf, mais oui, den Repräsentanten Frankreichs: *Monsieur Drovetti hat auf dem flachen Dach seines Hauses ein zeltförmiges Vogelhaus errichten lassen, in dem er Wachteln, Rebhühner und verschiedene andere Jagdvögel hält. Wir vertrieben uns die Stunden, indem wir in diesem Vogelhaus umhergingen und über Frankreich sprachen.*

1814 des Amtes enthoben. 1821 neuerlich eingesetzt. Bis 1829 amtierend. 1852 verstorben. Natürlich entdeckte Drovetti im Land der Pharaonen die Archäologie, oder was Aventuriers zu seinen Lebzeiten darunter verstanden, den Handel mit Fossilien und Altertümern aus vergangener Zeit. Er war aber auch Handelsagent exotischer Tiere. So vermittelte er Hengste nach Wien und Stuttgart, Gazellen nach Neapel an den Hof Königin Carolines, der Schwester Napoleons, zwölf Schafe *de Nubie à la laine blanche* nach Moskau an Graf Rumjanzew, Reichskanzler des russischen Zaren, Antilopen nach Sardinien. Neugierig, umtriebig, gesellschaftlich blendend vernetzt, beträchtlich wohlhabend. Als anstand, Giraffen an

Europas Höfe zu depeschieren, nutzte der Vizekönig Drovettis geschmeidige, gut gepflegte Netzwerke. Dieser wiederum setzte all seine gefinkelte Raffinesse ein.

Denn kaum waren die zwei auserkorenen Giraffen in Kairo eingetroffen, reklamierte der englische Botschafter Henry Salt kurzerhand, eine alle andren desavouierende Geste sans doute, beide Tiere für sich. Drovetti gelang es, wie er dem französischen Außenminister unverhüllt stolz vermeldete, Salt zu einem Kompromiss zu bewegen. Ein Tier solle für London, das andre für Paris bestimmt sein. Drovetti gelang es, sich die stärkere und gesündere Giraffe zu sichern, die andere, meinte er, *est maladive et ne vivra pas longtemps*, sei krank und würde es, ha, Albion!, nicht lange machen.

London

Salt hatte den Kürzeren gezogen und das schwächere Tier erhalten. Es kränkelte. Das machte die Reise länger und mühsamer. Die erste Station außerhalb Ägyptens war Malta. Auf der Insel, wichtiger maritimer Stützpunkt Britanniens, verbrachte die Giraffe sechs Monate in Quarantäne. Sie wurde im Juni 1827 auf die »Penelope« verfrachtet. Das Ziel war: die englische Hauptstadt. Acht Wochen war das Schiff unterwegs. Um am 11. August abends um 18 Uhr unterhalb der Waterloo Bridge anzulegen. Der Berichterstatter der »Literary Gazette« war vor Ort. *Ein großes Gefährt, mit einer angemessenen Überdachung aus Decken, wurde bereitgestellt, in das das Camelopard zusammen mit zwei ägyptischen Kühen (wir halten sie für Ammen), zwei arabischen Begleitern und einem Übersetzer vom Schiff hinüberstiegen. Sie wurden sofort in einem großen Lagerhaus untergebracht, unterhalb des Büros der Duchy of Lancaster. Hier blieben sie bis Montag Morgen, fünf Uhr, als Richardsons geräumiger Transportwagen, gezogen von vier Pferden, bereitstand, sie nach Windsor zu bringen. In diesem Vehikel waren sie sicher verstaut und trafen am selben Abend in Windsor ein. Nachdem sie gut untergebracht waren, eilte der König herbei, um seine außergewöhnliche Anschaffung zu inspizieren und war hochzufrieden mit der Sorgfalt, die aufgewandt wurde, um sie in gutem Zustand zu ihm zu bringen.*

Der Künstler Richard Barrett Davis wurde vom Hofe verpflichtet, den neuen exotischen Schatz zu porträtieren. Mutmaßliches Halbfreiluftatelier waren die Ställe am Cumberland Gate im Windsor Great Park. Dort war die Giraffe zu Anfang untergebracht. Ein anderes Gemälde von Abraham van Worrell zeigt den Tiergartenleiter Edward Cross, wie er die Giraffe am Zaumzeug festhält, um den Hals trägt sie ein Amulett, das vor dem bösen Blick schützen sollte. Im Oktober war dann ein neuer, warmer Stall fertiggestellt, zu dem eine große Auslaufwiese gehörte, am Sandpit Gate. Hier entstand Jacques-Laurent Agasses Bild, »The Nubian Giraffe«, heute in der Royal Collection, darauf zu sehen, wie die zwei arabischen Tierpfleger dem Tier eine Schale Milch anbieten. Cross beäugt leicht skeptisch, ob das Tier die vom König anempfohlene, etwas originelle diätetische Ernährung auch annimmt. Im November konnte dann die Londoner »Morning Post« Erfreuliches vermelden – His Majesty habe die Erlaubnis gegeben, dass die Giraffe in der Menagerie

Jacques-Laurent Agasse (1767–1849): The Nubian Giraffe, 1827

jeden Samstagvormittag und Montag ganztägig von jedem zu besichtigen sei. Außerdem seien dort außer der Giraffe mehrere *Arten von Antilopen und Wild, zahlreiche Kängurus, Zebras, Quaggas* [das südafrikanische Zebra, heute ausgerottet] *und Emus, die ihren Nachwuchs so furchtlos aufziehen wie freilaufendes Geflügel* zu sehen. Die fashionable Giraffen-Leidenschaft war an der Themse englisch distinguiert bis temperamentsmäßig restringiert.

Abraham Bruiningh van Worrell (1787–1860): Porträt der Giraffe, begleitet von Tiergartenleiter Edward Cross, 1827

Bald gaben die Kniegelenke des Tiers nach und wurden so schwach, dass Cross auf die Idee verfiel, eine Art Hebelapparat konstruieren zu lassen, damit die Stehhalt suchende Giraffe mittels Schlingen zumindest hochgezogen werden und anschließend im Freien bedacht- wie langsam einige Runden drehen konnte. Im Sommer 1829 vermeldete die Presse, der Zustand der Giraffe sei immer lamentabler. Königliche Leibärzte beäugten und inspizierten das Tier. Die

Meinung grassierte allgemein, das immer fragilere Tier würde den Winter nicht überleben. Und so kam es auch. »His Majesty's Giraffe« verstarb am 11. Oktober 1829.

Hatte König George zu Lebzeiten des Tieres schon viel Geld ausgegeben, so noch mehr für das Nachleben der Giraffe. Ihr Körper wurde in Gips nachgeformt, Skelett und ausgestopftes Tier, dessen Fell über eine Konstruktion aus Holz gezogen wurde, präpariert. Der König überlebte den Verlust seines Lieblings nur um acht Monate, sein Nachfolger auf dem Thron, sein Bruder William, seines Namens der IV., schroff bis grobmusterig im Umgang (er hatte eine Vorliebe für recht unzeremonielles Ausspucken in der Öffentlichkeit), knickeriger Luxusmuffel, stiftete das Tier umgehend dem Museum of Zoological Society in London und löste – der Hof musste sparen – die Menagerie auf, fast alle Tiere wurden dem Tiergarten der Society in Regent's Park übereignet.

Paris

Ganz anders Frankreich. Ganz anders in Frankreich.

Drovetti gab dem Tributtier den wenig überraschenden Namen »Zarafa«, Giraffe. Für die Fahrt nach Marseille akquirierte er das sardische Schiff »I Due Fratelli«, das sonst zwischen Alexandria und Livorno verkehrte. Ob trist stimmender letaler Verschiffungserfahrung ließ er Zarafa nicht nur von zwei Sudanesen, einem Ober- und Unterpfleger, begleiten, sondern sandte drei milchgebende Kühe mit sowie, als, pardonnez-moi, Gesellschafterinnen?, zwei Antilopen. Am 23. Oktober 1826 legte »I Due

Fratelli« an der Mole von Marseille an. Quarantäne. Die Entourage entschloss sich, in der Hafenstadt zu überwintern. Auch um das Tier sich akklimatisieren zu lassen. Auftritt: Geoffroy Saint-Hilaire, Naturforscher und Zoologe. 1793 war er mit 21 Jahren einer von zwölf Direktoren des Muséum national d'Histoire naturelle, vormals Jardin du Roi, geworden, hatte 1798 ff. Napoleon nach Ägypten begleitet, war 1807 in die Akademie der Wissenschaften gewählt und 1809 zum Professor für Zoologie in Paris berufen worden.

Frühsommer 1827: Auf nach Paris!

Wie aber die Giraffe dorthin bringen? Ein Engländer machte ein Angebot. *John Polito, dessen Menagerie ›La Grande Menagerie de M. Jean Polito d'Exeter Change de Londres‹ durch Europa zog, bot den Professoren des Musée d'Histoire naturelle in Paris seine Dienste an. Die Professoren lehnten die Offerte ab, weil sie annahmen, da er den Transport nur gegen Honorar durchführen wollte, er würde en route die Menschen zahlen lassen, um das Tier zu sehen.* Also Eigentransport.

Über Aix ging es nach Lyon. Zu Fuß. Von dort vermeldete Anfang Juni Saint-Hilaire beflissen und von pompösem Giraffen-Sendungsbewusstsein durchpulst ans Innenministerium, die Giraffe – die recht zart war und für ihr junges Alter immer noch recht klein – erfreue sich bester Gesundheit. *La voilà arrive à Tain, département de la Drôme, elle a soutenu les fatigues de la route courageusement. On compte de Marseille à Tain 66 lieues et demie de poste. Elle a successevement couché à Aix, Lambesc, Orgon, Avignon, Orange, La Palud, Montélimar, Loriol, Valence et Tain jusqu'à ce jour. Elle couchera ce soir à Saint-Lambert, demain à Auberive, le jour suivant à Vienne et le jour d'après à Saint-Symphorien, pour ar-*

Jacques Raymond Brascassat (1804–1867): »Die Passage der Giraffe nahe Arnay-le-Duc« (1827) zeigt Zarafa mit Entourage auf dem Weg nach Paris.

river dans la matinée et sans fatigue à Lyon le 6 juin (Angekommen in Tain in der Drôme also, die Strecke, wie er schrieb, gut gemeistert, von Aix-en-Provence über Avignon und Orange nach Montélimar nach Valence und schließlich Tain, die nächsten zu passierenden Stationen: Auberive, Vienne und Saint-Symphorien, am 6. Juni vormittags, so seine Einschätzung, seien sie in Lyon).

Zarafa war allerdings doch müde. Sie hatte 348 Kilometer in 17 Tagen zurücklegen müssen, davon waren nur vier jours de repos, Ruhe- und Erholungstage gewesen. So organisierte Saint-Hilaire in Lyon einen Frachtkahn und transportierte die ganze Compagnie auf der Saône bis nach Châlons, rund 120 Kilometer. Weiter ging es dann wieder per pedes.

Ein Bild für die gallischen Götter! Da durchwanderte das hochexotische Hochtier die tiefe und tiefste französische Provinz, geleitet von farbenprächtig herausgeputzten fremdländischen Helfern und einem der renommiertesten Professoren Frankreichs. Aufsehen erregte sie überall. Die Menschen, die in der Regel kaum jemals über die eigene heimatliche Region hatten hinauskommen können, liefen zusammen. Staunten. Und staunten. Wann hatte man schon in Lambesc und in La Palud, in Tain, Valence, ja selbst in der alten Papststadt Avignon eine solche Bizarrerie der Natur gesehen!

30. Juni 1827, fünf Uhr nachmittags. Nach langen 880 Kilometern – Paris! Zarafa wurde zum Jardin du Roi geführt, war dort anfangs in einem Gewächshaus untergebracht. Saint-Hilaire retirierte sehr rasch, er hatte die letzten Tage der Fußreise unter großen Schmerzen durchgestanden, denn er hatte sich eine peinigende Blasen- und Harnröhrenentzündung zugezogen. Am 9. Juli wurde Zarafa nach Saint-Cloud geführt zu König Charles X., der sie mit Gepränge und großem Hofstaat in seinem Palais empfing. *Die Giraffe benahm sich perfekt. Sie fraß Rosenblätter aus der Hand des Souveräns. Die Duchesse de Berry hing ihr eine Blumengirlande um den Hals, die dem Amulett mit Koransure ähnelte, das sie seit Ägypten trug.*

In Sturmwindeseile wurde Zarafa die bekannteste Einwohnerin der französischen Hauptstadt, ja des ganzen Landes. In den sechs Monaten nach ihrer Ankunft pilgerten mehr als 600 000 Pariserinnen und Pariser zu ihr. Hauptpfleger Atir blieb die nächsten zwölf Jahre bei ihr. *Beide bezogen Quartier in einem der fünf zweigeschossigen, strahlenförmig angeordneten Nebenbauten der Rotonde. Das Gebäude war 1805 vollendet worden, sein unverwechselbarer Grund-*

riss greift die Form des fünfstrahligen Kreuzes der französischen Ehrenlegion auf – eine weitere Verbindung Zarafas zu Napoleon, der den bedeutendsten Zivil- und Militärorden Frankreichs 1802 gegründet und das Abzeichen selbst entworfen hatte, um damit Verdienste zu ehren, wer immer sie erworben hatte – in der Absicht, einen Adel der Leistung einzuführen.

»Ihr Winterquartier«, wie Geoffroy Saint-Hilaire Zarafas Logis dem Präfekten gegenüber nannte, war mit Parkett ausgelegt, die Wände trugen ein »geschmackvolles Mosaik« aus Strohmatten zur Isolation. Gegenüberliegende Doppeltüren führten entweder nach draußen oder gewährten Zugang zum Zentrum des Gebäudes, das nach Bedarf mit Öfen und der Körperwärme der anderen Tiere beheizt wurde. »Es ist wahrhaft das Boudoir einer kleinen Dame.« [...] Atir erreicht sein Bett über zwei Leitern [...]: Die beiden, die Giraffe und Atir, begegnen einander von Angesicht zu Angesicht im oberen Bereich ihrer Behausung.

Als Wärter Zarafas erlangte Atir großes Ansehen. Jeden Tag führte er sie den Menschenmassen vor. Dann begann er öffentlich die Fellpflege mit einem Striegel, der an einer langen Stange befestigt war. Dieses ehrenvolle, aber mühselige tägliche Ritual ging in den Pariser Volksmund ein, so sagte man seither, wenn jemand unwillig war, etwas Bestimmtes zu tun: *Mach das oder kämm die Giraffe!* »Peigner la girafe« wird heute noch im Französischen als Redewendung für das Ausführen einer überflüssigen wie unnötigen Arbeit verwendet. (Frédéric Dard nannte einen seiner unter dem Pseudonym San-Antonio geschriebenen populären 174 romans policiers, ebenso, »En peignant la girafe«.)

oben: Die Tiere des Jardin des Plantes, zeitgenössisches Werbeplakat

Mitte: Karl Girardet (1813–1871): »Der Stall der Giraffe im Elefantenrondell«, 1842, links Zarafas langjähriger Wärter Atir

unten: Im Jardin des Plantes, Wiederkäuer-Rotunde, auch hier ist Atir im Bild.

Nicolas Geneviève Huet (1767–1830): Studie der Giraffe, die der Vizekönig von Ägypten Charles X. geschenkt hat. Rechts wiederum Atir

»Die Giraffe wird von den eingeborenen Indianern im Jardin du Roi in Paris besucht.«
1. Hälfte des 19. Jahrhunderts, Musée national des Arts et Traditions Populaires, Paris

Im Sommer 1827 gab es Rivalen, die um Aufmerksamkeit buhlten, sechs nordamerikanische Ureinwohner vom Stamm der Osage. Geoffroy Saint-Hilare über diese reichlich unverschämte, ja unbotmäßige »Attacke« auf Zarafa: *Die Osage drohten uns den Rang abzulaufen, aber wir haben sie niedergerungen. Die roten Männer sind sehr in Mode gekommen, doch die Giraffe steht viel höher in der Gunst.* (Honoré de Balzac, befreundet mit Saint-Hilaire, dem er seinen Roman »Père Goriot« (»Vater Goriot«, 1834/35) widmete, verfasste eine kleine Schrift mit dem Titel »Das Gespräch der Giraffe mit dem Häuptling der sechs Osage (oder Indianer) bei Gelegenheit ihres Besuches im Jardin du Roi. Übertragen aus dem Arabischen vom Dolmetscher der Giraffe«; als Autoren-Pseudonym erwählte er sich *Ali Bassan*).

Und was für eine Giraffomanie ausbrach! Das Jahr 1827 stand *für alle Franzosen unter dem Zeichen der Giraffe*. Allein in den Monaten Juli und August pilgerten 100 000 Menschen zu Zarafa, *das war ein Achtel der Pariser Bevölkerung*.

Zoologische »Modes au rhinocéros« hatte es 1749 gegeben, eine Welle von »Modes au zèbre« 1786 ganz am Ende des Ancien Régime. Nun also die »Mode à la girafe«. Die besonders intensiv geriet. Ob es gerade der 51 Tage währende Marsch war, die außergewöhnlich lange Vorbereitung aufs Eintreffen in der Seine-Stadt somit, wie spekuliert wird, abwegig ist das nicht. Denn auf diesen 51 Tagen war ihr von Ort zu Ort der Ruf vorangeeilt, vorangesprungen, vorangeschrieben worden, gesehen und bestaunt werden zu müssen, sie ja nicht verpassen zu dürfen. Bereits in dieser Zeit wurden »Fanartikel« hergestellt.

Dann, in Paris, versuchten sich die Modemagazine »Journal des Dames et des Modes« und »Petit Courrier des Dames« auszustechen und einander zu übertrumpfen mit Modeempfehlungen und besonders ausgefallenen extravaganten wie originellen Ideen von Gelb mit braunen Tupfen. Die Textilindustrie schwang sofort über auf diesen Exotismus, zweifarbig, mehrfarbig, sehr gern mit Zarafa und ihrem Pfleger Atir. Dazu kombinierte man geografisch-metaphysisch liberal Palmen, das Meer, Zitadelle und Moschee.

Dem Tier zu entgehen – unmöglich. Das Tier anzusehen – unumgänglich. So auch für Ludwig Börne Ende September: *Gestern habe ich die Giraffe gesehen, die in einem Gehege frei umhergeht. Ein erhabenes Tier, das aber doch viel Lächerliches hat; eine tölpelhafte Ma-*

jestät. Man muß oft lange warten, bis es ihr gefällig ist, die Beine aufzuheben und sich in Bewegung zu setzen. Gewöhnlich steht sie still, an Bäumen oder an der Mauer eines dort befindlichen Gebäudes und benagt die obersten Zweige oder das Dach. Das Tier sieht sehr metaphysisch aus, lebt mit dem größten Teile seines Wesens in der Luft und scheint die Erde nur zu berühren, um sie verächtlich mit Füßen zu treten. In dem nämlichen Gehege befanden sich auch noch andere Tiere, melancholische Büffel und sonstige. Zuweilen gingen diese unter dem Bauche der Giraffe weg, und dann sah es aus wie Schiffe, die unter einem Brückenbogen hinfuhren.

oben: Modetafel aus Les Journal des Dames et des Modes, 8. Juli 1827.
unten: Petit Courrier des Dames, 1827, Nr. 464.

Viele Chansons wurden rasch komponiert, die zu schmissigen Gassenhauern wurden und zu Tanzhits der Saison, der Walzer »La Girafe, valse par Singer, pour le piano« oder »La Girafe à Paris, divertissement africo-français, compose par la guitare par F. Carulli, au prix de 4 francs 50« oder »Les Adieux de la Girafe, romance avec une vignette représentant l'animal, 1 franc«. Der Lithograf Langlumé schuf extra Radierungen für die musikalische Anrufung »L'Invocation à la Girafe avec chœur et couplets«, im Refrain heißt es da: »Girafe, giraffe, inspire nos accents«. Und wie inspirierend sie wirkte! Auf die Damen- wie die Herrenmode, auf tragbar Untragbares, auf Giraffen-Schickliches in Gelb und Braun. Erst recht war die Giraffe ein Fall für die *coiffure*. Hoch- und noch höher getürmt trugen die Damen der großbürgerlichen Gesellschaft ihre Frisuren ganz à la girafe. Teils so hoch waren diese statisch höchst gewagten Haarkonstruktionen, dass so manche Dame in ihrem Wagen etwas unschicklich und noch unbequemer auf dem hölzernen Boden Platz nehmen musste. Weil die Frisur ansonsten an die Decke des geschlossenen Gefährts gestoßen und zerstört worden wäre.

Zarafa war allerorten. Auf Krawatten. Auf Westen. Auf Mustern. Griffen. Teetassen. Zum Tee wurden *Ingwerkekse in Giraffenform* gereicht. Die Giraffe war auf eher teuren, viel öfter auf billigen Drucken zu sehen. In den Medien. In der satirischen Literatur. In Karikaturen. Auf Seifenstücken. Und in der Medizin. Im Winter 1827 grassierte in Paris und im übrigen Frankreich eine ungewöhnlich schwere Grippeepidemie, kurzerhand wurde sie *grippe de la girafe* getauft.

So eruptiv hochschießend der Enthusiasmus war, so kurzlebig war er. Nach der Revolution von 1830 spottete Honoré de Balzac herablassend, sie würde einzig noch von *zurückgebliebenen Provinzlern, gelangweilten Kindermädchen und simplen und naiven Zeitgenossen* besucht werden. Zarafa sank immer mehr ins Reich verschatteten Vergessens ab, sie war démodée. *In den letzten sechs Jahren ihres Lebens jedoch hatte sie eine Genossin, Frankreichs zweite Giraffe. Dieses jüngere Tier war ebenfalls als Kalb eingefangen worden, und man weiß, dass es mit einem Schiff den Nil hinab gebracht wurde. Als diese Giraffe – ein Geschenk des Leibarztes Meh-*

oben: Die Bezirke von Paris. Der Jardin des Plantes – Tafel 6, Henri-Daniel Plattel (1803–1859), Lithografie, 1827. Paris, Musée Carnavalet
unten links: »Das größte Tier, das wir je gesehen haben.« Charles X. als Giraffe karikiert. Anonymer Druck, gedruckt von Pierre Langlumé, Magasin de Caricatures d'Aubert, Passage Vérododat, 1830
unten rechts: »Les Giraffes à la mode«, Encore des Ridicules, No. 1035, Lithografie von Jean-Jacques Feuchère (1807–1852), 1826. Paris, Musée Carnavalet

met Alis, Dr. Clot – 1839 in Paris eintraf, war sie etwa im gleichen Alter wie einst Zarafa und ihre Begleiterin, als beide in Alexandria getrennt wurden. Zarafa verschied am 12. Januar 1845. Geoffrey Saint-Hilaire war sieben Monate zuvor gestorben.

Wien

Sie ist da! Ist glücklich angekommen! – Wer? Was?

Wer? Was? Vor allem: wo?

Sie ist da! Ist glücklich angekommen! – Wer? Was? – Die Giraffe!!! So tönt es jetzt aus fast jedem Munde, und diese Nachricht schnell seinen Bekannten und Freunden mitgetheilt, benützt jeder die erste Zeit der Muße, in die Menagerie des k. k. Lustschlosses Schönbrunn zu eilen, um endlich die so hoch gespannte Neugierde durch Anschauung dieses so seltsamen Geschöpfes zu befriedigen, und sich von dem zu überzeugen, was schon so vielfältig mit lebhaftestem Antheil hierüber gesprochen.

Es war Anfang August 1828. Und die Aufregung ebenso hoch wie die Außentemperaturen. Die Aufregung kochte noch höher. Dabei wurde allerdings von der deklamatorischen Presse ausgeblendet, dass es nicht der erste Giraffen-Versuch Österreichs war.

1785 hatte Joseph II. zwei Bedienstete nach Afrika entsandt, den Hofgärtner Franz Boos und den Gärtnergehilfen Johann Georg Scholl. Sie sollten rare, also wertvolle Pflanzen und Tiere für Schloss und Garten Schönbrunn sammeln. Dem Kaiser waren besonders angelegen: Zebras, junge Elefanten und Nashornkälber und, ganz spezieller Wunsch, *Hyppopotamen und Camelopardus oder Gyrafen als welche zwey letztere noch niemalen in Europa gesehen worden.* Im Mai 1786 erreichten Boos und Scholl nach recht schauriger Fahrt auf einem völlig überfüllten VOC-Schiff (der Niederländischen Ostindien-Kompanie), logische Folge: eine an Bord grassierende Epidemie, der 40 der 665 Köpfe zählenden Mannschaft und Soldaten erlagen, die Tafelbucht vor Kapstadt. Boos, der weitersegelte,

Eduard Gurck (1801–1841): Die erste Giraffe im Schönbrunner Tiergarten, 1828

war Mauritius zugeteilt worden. Scholl bereiste Südafrika. Sie kehrten erst 1799 nach Wien zurück, neun Jahre nach Josephs Tod. Unter dem Material, das sie aufgehäuft hatten, war auch ein Skelett einer vier Meter hohen Kap-Giraffe und deren Fell. Dieses wie jenes konnten niemals zuvor in Österreich leibhaftig in Augenschein genommen werden, waren bis dahin lediglich als gedruckte Reproduktion bekannt. 1804 wurde, um das Skelett in ganzer Größe ausstellen zu können, im k. k. Physikalisch-Astronomischen Kunst- und Natur-Thier-Cabinet im Leopoldinischen Trakt der Wiener Hofburg am Josefsplatz damit begonnen, in einem Saal die Decke durchzubrechen. Maß das ausgewachsene Tier doch stolze 16 Fuß, mehr als fünf Meter. *Der Saal, in dem an einer Seitenwand noch eine Meerlandschaft zu sehen war, wurde landschaftlich als Grotte dekoriert.* Das Skelett wanderte jedoch durch

Wien, zum 1775 geschaffenen Naturhistorischen Museum, damals im Artisten-Trakt der alten Universität untergebracht. 1806 wurde es dort aufgestellt. Und so berühmt, dass es in Stadtführern des ersten Drittels des 19. Jahrhunderts bei den absoluten Sehenswürdigkeiten gelistet wurde. Anschließend verbrachte es fast 100 Jahre im Universitätsgebäude am Ring. Seit 40 Jahren steht das Skelett so exponiert wie unübersehbar im Biologiezentrum (UZA 1) in der Althanstraße, in der zentralen Verbindungszone.

22 Jahre später erhielt Staatskanzler Clemens Wenzel Lothar Fürst Metternich ein Schreiben. Es stammte von Alphons Gabriel Fürst Porcia, dem Gouverneur von Küstenland, den drei Kronländern, der Grafschaft Görz und Gradisca, der Markgrafschaft Istrien und der reichsunmittelbaren Stadt Triest. Der Gubernialgouverneur und ambitionierte Hobbyentomologe setzte Metternich in Kenntnis, dass das Habsburgerreich als diplomatische Gabe von, Überraschung!, Muhammad Ali ein wertvolles Geschenk erwarten könne – eine Giraffe. Giuseppe Acerbi wählte 1827 aus zwei Jungtieren das Weibchen aus, gemäß der damals gängigen und allgemein vertretenen Meinung, Giraffenweibchen seien resilienter und würden eine Gefangenschaft besser und länger durchstehen als Bullen.

Der 1773 geborene Acerbi stammte aus der Nähe Mantuas, war Naturforscher – mit Mitte 20 hatte er einer Naturforschungsexpedition nach Skandinavien angehört – und Jurist und amtierte seit 1825 als kaiserlich österreichischer Generalkonsul in Ägypten. Unvermeidlich im Nil-Land, hatte er begonnen, sich für Archäologie zu interessieren. Zu

Karl Ritter von Schreibers, der den kaiserlichen Naturalien-Cabineten zu Wien vorstand, verbanden ihn ähnliche naturwissenschaftliche Neigungen und Vorlieben.

Die maritime Überfahrt des Tiers verzögerte sich und wurde schließlich gestrichen. Es hatten sich deutlich Einschränkungen ob mehrerer Krankheiten bemerkbar gemacht. Am 10. April 1828 hatte Fürst Porcia dann jedoch gute Zeitung. Aus Triest schrieb er *An Seine des HL Gubernial-Präsidenten Grafen v. Spaur Esc. Venedig.* Spaur war von 1827 bis 1840 Gouverneur von Venedig und anschließend bis 1848 Gouverneur von Mailand. Es verhalte sich so, übermittelte Porcia, dass *es doch dem General-Consul gelungen, anstatt der erkrankten, somit zur Anherreise untauglichen Giraffe eine andere von Cairo zu erhalten, welche er nächstens mit aller Vorsicht nach Venedig einzuschiffen gedenkt.* Wenige Tage später wurde der hochragende Giraffenbulle verschifft, zusammen mit zwei Kühen, einem Kalb und seinem arabischen Wärter. Das Handelsschiff wurde vom österreichischen Kriegsschiff »Aretusa« eskortiert. Via Korfu ging es nach Venedig. Dort wartete Josef Aman, Tierwärter zu Schönbrunn. Die klassischen 40 Tage in Quarantäne – das Zeitmaß war einst vom italienischen quaranta, vierzig, abgeleitet worden – entkam das Tier endlich dem Stall auf der Insel Poveglia. Nächstes Ziel: Fiume, das heutige Rijeka. Von dort sollte es zu Fuß nach Schönbrunn gehen. Veranschlagt waren 37 Tage mit insgesamt 64½ kursächsischen Postmeilen, einem Maß, bei dem 1 Postmeile 9 km entsprach oder 2 Wegstunden oder 16000 Ellen oder 32000 Fuß. Karl Bayer, zuvor Armeeoffizier und Mitglied des *politischen Gi-*

raffe-Transports, erhielt kurz vor dem Aufbruch eine extra ausgearbeitete fiskalisch-bürokratische Instruktionsnote:

> *Für den königlichen gubernialen Kanzlei-Practicanten des politischen Giraffe-Transports Commissär Karl v. Bayer.*
>
> *Nachdem die Giraffe sammt zwey Kühen und 1 Kalb in Begleitung des Schiffkapitäns Leva und 2 Matrosen, dann des von Wien behufs dessen nach Venedig abgesandten Menagerie-Wärters Amann, nebst jenen Effekten, welche zu Venedig für die Giraffe zubereitet, und laut Consignation sub 1. hieher gebracht worden sind, den 16ten Junius gehörig ausgeschiffet, und theils von Ihnen übernommen, theils an sie geweisen worden sind, so folgt es von sich selbst, daß Sie vom 16ten an, alle Auslagen welche die Giraffe, deren Begleitung und Transport fernes erheischt, aus dem bereits erhaltenen Vorschuße von 1500 fl. Kmze zu bestreiten haben werden.*

Der Wanderweg begann in Fiume/Rijeka und führte über Cameniak, Delnicza, Szeverin und Carlstadt nach Agram, heute Zagreb, von dort nach Papowecz, St. Ivan, Ostricz und Lenda, weiter nach Körmend, Stein am Anger, Groß Warasdorf und Ödenburg, heute das ungarische Sopron. Vor Laxenburg waren dann Groß Hoeflein und Wimpassing die finalen Stationen. Pro Tag sollten zwei, nur in Ausnahmefällen drei Postmeilen, 18 beziehungsweise 27 Kilometer, zurückgelegt werden. An jedem vierten Tag wurde geruht und gerastet. Da Stürme die Schiffsreise um zehn Tage verlängert hatten, errechnete man eine Ankunft in Wien in der ersten Augustwoche. Für den Marsch wurden dem Tier zur Schonung Schnürschuhe aus Leder über die Hufe gezogen. Schließlich wurde wegen seiner »schwachen Beine« in Karlstadt/Karlovac ein Transportwagen konstruiert. Der war niedrig, gut gefedert, im Inneren abgepolstert. Durchs Dach aus Leinwand konnte das nachvollziehbar ermüdete Tier hinaussehen in die so gänzlich fremde Landschaft. Das Zuggefährt war groß genug, dass sich ihre beiden Wärter zu ihr gesellen konnten. Drei ebenfalls von Pferden gezogene Leiterwagen mit Kalb, Kühen und Ziegen und allem notwendig erscheinenden Instrumentarium schlossen sich an. Der Konvoi rumpelte über die Straßen und Wege. Von unterwegs vermeldete Bayer sorgsam Positives, etwa, dass die junge Giraffe gut zunehme, der besondere Zwieback, in Fiume extra für sie hergestellt, war eine Woche vor dem Eintreffen in Laxenburg bereits aufgefressen.

Am 6. August, einem Mittwoch, war die Kolonne schließlich da. Am selben Tage noch gönnte sich des Kaisers Hofstaat das außergewöhnliche Vergnügen, das bizarre Tier in Augenschein zu nehmen. *Nachmittags*, beliebte die Hauptstadtpresse am nächsten Tage zu kolportieren, *geruhten Ihre Majestät die Frau Erzherzogin Marie Louise nebst S*[r] *Durchlaucht dem Herrn Herzoge von Reichstadt, Dann S*[r] *k. k. Hoheit der Herr Erzherzog Carl mit höchstseiner durchlauchtigen Familie, und Ihre k. k. Hoheiten die Herren Erzherzoge Anton und Ludwig dieselbe zu besichtigen.* Es wurde ein Gehege gebaut. Und eine »Giraffenloge« errichtet. Und wie in Paris brach sich Giraffomanie Bahn.

Schon im Januar, als die Nachricht die erste Gerüchte-Stadtrunde gedreht hatte, war in Windeseile eine

Broschüre gedruckt worden. Titel: »Naturgeschichte der Giraffe«. Aus der Ferne geschildert, versteht sich, ohne persönliche Ansicht. Dafür war auf den überschaubar wenigen, exakt 16 Seiten, einem Druckbogen, eine kolorierte Abbildung enthalten, die nach dem im k. k. Naturalienkabinett ausgestellten Exemplar entstanden war. Das Heftlein bot wenig mehr als eine schnell zusammengewürfelte Synopse naturwissenschaftlicher Veröffentlichungen, akademischer Definitionen plus Gustostückerl antiker griechischer Beschreibungen.

Kaum war die Giraffe realiter da, wurde es, was sonst in Wien, sehr süß. Zuckersüß. Denn insbesondere die Zuckerbäcker warfen sich mit Verve auf das Thema. Sie schufen Miniaturtierlein aus Zucker- und Backwerk. Es entstand Giraffengebäck. Es wurden Giraffentorten kreiert, ein kreisrundes Gebäck aus einer stark eierhaltigen Mandelmasse, die hälftig geteilt wurde, wobei die eine Hälfte mit Schokolade gefärbt wurde, und danach löffelweise in eine Tortenform gegeben wurde, wodurch ein dem Fell der Giraffe ähnelndes Farbmuster entstand. In späteren Koch- und Rezeptbüchern wurde der Name in »Schürauftorte« oder, wie nachzulesen etwa im wassertretenden Anleitungsbuch »Die Klosterküche zu Wörishofen. Ein praktisches Kochbuch im Sinne Kneipps. Zusammengestellt von den Schwestern des Dominikanerinnenklosters in Wörishofen. Nach Anregungen und mit einem Vorwort von Sebastian Kneipp«, das 1892 in der Buchhandlung des Katholisch-politischen Pressvereins zu Brixen erschien, apokryph in »Sirachtorte« umbenannt. Dazu wurde – ganz »à la giraffe!« – der passende »Café à la Giraf-

oben links: unbekannt: Die erste Giraffe in Schönbrunn (15. Juli 1828)
oben rechts: Eduard Gurck (1801–1841): »Die Girafe aus Darfur in Afrika / Ein Present des Vice Königs von Egypten, ein und ein halbes Jahr alt, 9 1/2 Schuh / hoh, ist im August 1828 in Schönbrunn angekommen.«
unten: Eduard Gurck (1801–1841): »Die Girafe in der k.Menagerie von Schönbrunn mit ihren Wärtern, dem Araber Cagi Alli Sciobary u. dem kais. Thierwärter Jos. Aman.« 1828

fe« gereicht und getrunken, ein doppelter Schwarzer, dem etwas Milch oder Schlagobers beigegeben wurde, deren Schlieren im Kaffee ans Fell einer Giraffe gemahnen sollten.

Wien delirierte giraffös total. In Windeseile wurden Stoffe mit Giraffenmuster gedruckt. Daraus wurden Wiener »Giraffenkleider« geschneidert. Es gab Giraffen auf Hüten und auf Tabaksbeuteln, auf Glückwunschkarten und auf Gläsern. Das Tier aus Afrika wurde in Metall nachmodelliert. Ein Juwelier machte sich einen Namen mit grazilen und leistbaren Goldschmiedearbeiten, auf denen, ob Nadel, Ring, Ohrgehänge, Brosche, das langhalsige animale dekorativ aufschien. Ein anderer Schmuckmacher emaillierte ein Giraffenmotiv auf Perlmutt, fasste es in Gold und war so blendend à jour und auf der In-/Out-Liste eindeutig im In-Feld. Ein Parfümeur mit einem Geschäft am Graben erschuf den lukrativ erscheinenden Duft »Esprit à la Giraffe«. Wie dieser olfaktorisch anmutete, ist nicht überliefert. Es gab »Giraffenhandschuhe«, auf deren weißes Leder, wie bei einem erhaltenen Exemplar im Technischen Museum Wien zu sehen, eine Giraffe aufgedruckt wurde. Ebenfalls in diesem Haus des Sammelns erhalten: des Lithografen Josef Häusles Muster-Giraffen-Druck einer Popeline. Zudem gab es Tintenbehälter mit Giraffenabbildung. Oder auch Streusandbehälter mit Giraffenimago.

Vielleicht am schnellsten reagierte die Gastronomie. Schon drei Tage nach der Ankunft des Giraffenbullen gab es in Penzing im »Gasthaus zur Blauen Traube« einen »Giraffen-Ball«. Eine Einladung zu diesem Tanze erging auch an den arabischen Betreuer

Das in der Wiener Porzellanmanufaktur gefertigte Schreibset zeigt die Giraffe in unterschiedlichen Posen. Auf den ersten Blick sind vier Giraffen erkennbar, tatsächlich handelt es sich um vier Posen einer Giraffe. Als Vorlage für das Tablett der Schreibgarnitur diente dem Porzellanmaler Jakob Schu(h)fried eine »Bewegungsstudie der Giraffe im Freien« (1828) von Eduard Gurk. Zu sehen ist auch der kaiserliche Tierwärter Josef Aman.

des Tieres. *Als Damenspende gab es einen Blumenstrauß, aus dem, aus Zucker gegossen, Hals und Kopf einer Giraffe herausragten. Getanzt wurden der eigens für derartige Veranstaltungen komponierte Giraffengalopp und ein Giraffen-Rondeau.* Es heißt, dass niemand Geringerer als der Geigenvirtuose Niccolò Paganini dazu bewogen wurde, in dieser Zeit ein Konzert zu verschieben – weil es alle Welt hinaus nach Schönbrunn zog, wäre niemand zu ihm gekommen. Ein anderer Musiker, Wenzel Plachy mit Namen, komponierte im Rapidgalopp seine »Variations pour le Pianoforte ›Sur le Galop à la Giraffe de Herz‹«. Der Name »Giraffe« war da pianistisch schon gang und gäbe, infolge des so genannten Giraffenklaviers, einer hochgestapelten Variation eines Harfenklaviers.

Haydn soll 1795 in London bei einem Klavierbauer erstmals ein »upright piano« *mit der Form eines*

Anonym: Frau am Lyraflügel, 19. Jahrhundert

Bücherregals gesehen haben und angetan gewesen sein, da platzsparend, ohne an tonalem Umfang einzubüßen; ein knappes Dutzend Jahre später wetteiferten mehrere Klavierbauer miteinander auf dem Nischenfeld dieses *Hammerklaviers mit vertikal laufenden Saiten in Harfenform – also unsymmetrisch – wie beim alten Klaviziterium* und ritterten um den Führungsanspruch, bis um 1830 dieses fashionable Instrument (es gab auch die sehr spezielle Sonderform des Pyramidenklaviers, eindeutig mehr Dromedar denn Giraffe) vom Raum sparenden, eher bürgerlichen Raumlebensformen entsprechenden Pianino abgelöst wurde und im Graubereich des Pittoresken verschwand.

Adolf Bäuerle hatte bereits Anfang Mai des Jahres ein »modernes Gemählde« aufgeführt, wie die »Allgemeine Theaterzeitung« vom 20. Mai 1828 vermeldete, ein die Ankunft wie die Modemanie vorgreifendes Stück mit dem Titel »Die Giraffe in Wien, oder: Alles à la Giraffe«. Die Uraufführung fand in der Vergnügungsmeile, der Praterstraße, in der Leopoldstadt statt, im k. k. privilegierten Theater, dem späteren Carltheater.

Es war eine Posse mit Gesängen in zwei Akten, eine prominent besetzte Parodie. Eine männliche Hauptrolle übernahm Ferdinand Raimund, der beliebte Schauspieler und Stückeautor, von dem ein halbes Jahr später »Der Alpenkönig und der Menschenfeind« im selben Hause uraufgeführt werden sollte.

Die Handlung war in Wien angesiedelt. Zahlreiche Dramatis Personae wurden benötigt, allein elf Gärtnermädchen, dazu als Genien verkleidete Kinder, zudem eine komplette »Musikbanda« und Arbeiter, Ägypter, Ballgäste, Dienerschaft. Das Volk trat als »Volk« auf; auf dem Besetzungszettel stand auch eine Giraffe. Der Spott über Giraffenmanie und animale Fashionistas geriet teils derb. So hieß es an einer Stelle: *À la Giraffe müsst Ihr Hüte tragen, wann Ihr in einen Wagen steigt, so thäts Noth, man brächet die Thüre aus, sonst kommt ihr gar nicht hinein; aber die Achtung der Welt bringt Ihr doch nicht unter euren Hut; à la Giraffe trägt Ihr Kleider – das unvernünftige Vieh ist sogar auf Euren Schuhen abportraitiert, aber was der Putzteufel euch für eine Zukunft vormalt, das ist euch gleichgültig. À la Giraffe tanzt ihr, und arme Musikanten müssen dazu à la g'fetzten Bass aufspielen, aber bezahlen thut ihr die Musikanten nur à la Maulaff, das heisst, ihr lasst sie wie die Maulaffen stehen und gebt ihnen nichts. – So eßts denn einstens, wenn Mod und Torheit euch an den Bettelstab gebracht hat, à la Giraffe Gras, Wurzeln und dürre Kästen [Kastanien], schlaft, wenn das letzte Bett is pfändt, à la Giraffe auf Heu und Streu. Laßts euch begraben à la Giraffe, ohne Kondukt, ohne Klageweiber, ohne Musikanten und Glockengeläut!«*

Und im Finale gab Raimund als Leiter der »Musikbanda« folgendes Couplet zum resümierenden Besten:

Lasset die Giraffe leben,
Wenn sie frohe Herzen macht,
Ihrer Fahne sey ergeben,
Wer durch sie ihr Glück gemacht,
Wir sind glücklich und sind brav,
vivat, vivat die Giraff!

Handschuh tragt man nach der Mode
Mit Giraffen jetzt in Wien,
Doch wer über Wien wollt schmähen,
Werfen wir den Handschuh hin.
Wer's nicht thut, der ist nicht brav.
Vivat! Vivat! Die Giraff'!

Giraffe-Häubchen trägt man ferner,
Welchen wirklich viel gelingt,
Weil die selbst die wild'sten Mädchen
Alle unter d'Hauben bringt.
Das ist gut, und das ist brav.
Vivat! Vivat! Die Giraff'!

Doch die Moden mögen wechseln,
Wenn nur eine fortbesteht,
Daß ins Haus zu der Giraffe
Täglich Ihre Nachsicht geht.
Das wär' prächtig, das wär' brav.
Vivat! Vivat! Die Giraff'!

Froh machte dieser Spott nicht viele. Bei der Premiere gab es laute Buhrufe. Die Kritik konnte sich nicht recht darauf einigen, was mit diesem À-Jour-Stück machen. Es gab noch einige Aufführungstermine, bei denen die Kulissen und ein »Jodlerlied« besonders gelobt wurden. Die parodistische Spott-Pièce verschwand rasch vom Spielplan. Und wurde zum antiquarischen Beleg der Literarhistorie.

Wie das auch »Herrn Graf's Reisebriefe und Tagebücher« von 1876 heutzutage sind, eine Sammlung von 20 Jahre vorher viel gelesenen und herzlich belachten Abenteuerparodien des komischen Autors

Josef Danhauser (1805–1845): »Die Neugierigen. Les Curieux«, 1828

Albert Brendel. In einem Bucheintrag findet sich die Bezeichnung »Schieraffen«, die Brendels Protagonist, ein ehern philiströser Pfahlbürger, anlässlich des Besuchs im Tiergarten Schönbrunn den »gebildeten Sorten unter den vierfisigen Seigethiere« zuschiebt.

Im Tiergarten selbst, bei der »Schieraffe«, war knapp 50 Jahre zuvor, im Hochsommer 1828, der Andrang gewaltig gewesen. Acht Grenadiere hatte man extra zum Behuf abkommandiert, den Ansturm aufs behufte Tier zu kanalisieren und diesem Ordnung zu geben. Dem Tier ging es nicht gut. Auf zeitgenössischen Abbildungen ist eine mehr als nur leichte Fehlstellung der Hinterbeine zu detektieren. Eine Folge der gänzlich ungewohnten Strapazen des Marsches? Nicht ganz von der Hand zu weisen. Die Giraffe fraß immer zögerlicher, immer weniger, kränkelte mehr und mehr. Es kam, wie es kommen musste. Am 20. Juni 1829 verendete sie. »Abmagerung in Folge eines Knochenfraßes am Gelenkkopf des Hinterschenkels« lautete lakonisch der Obduktionsbefund.

Erst nach 22 Jahren wurde in Schönbrunn die Giraffenabsenz beendet. Ein neues Tier, immer noch ein rares Handelsgut, wurde angeschafft. Die erste Geburt einer Giraffe in einem europäischen Zoo erfolgte sieben Jahre später, 1858, ebenfalls in Schönbrunn. Ein österreichischer Offizier und Forschungsreisender sandte zwei Generationen darauf, im Jahr 1901, drei weitere Exemplare aus dem Sudan, wo er ansässig war, nach Wien. Was bewirkte, dass das arg in die Jahre gekommene Giraffenhaus einer Renovierung unterzogen wurde.

Um diese Jahrhundertwende, Vor-Kipppunkt in die Moderne, hatte sich bereits überdeutlich der Zusammenhang, ja das den Globus umspannende Ineinanderwirken und Ineinandergreifen von Kolonialismus, Imperialismus und den verharmlosend »Zoologischer Garten«, kurz: Zoo, betitelten Einrichtungen herausgebildet. Beigemengt eine mehr als starke Prise Hybris, Herabsetzung, rassistische Abwertung. Kein Zufall, dass Carl Hagenbeck, Tierhändler und mit seinem 1887 eröffneten »Carl Hagenbecks Internationaler Circus und Singhalesen-Karawane« weithin bekannter Zirkus-Impresario, 1874 eine Idee eines Malerfreunds aufgriff. Und zwar: nicht nur Rentiere aus dem exotischen Nordschweden bestaunen, sondern diese von einer lappländischen Familie begleiten zu lassen, *unverfälschten Naturmenschen*, so seine zeittypische Bezeichnung. Als Ensemble auf demselben diskursiv attestierten, somit animalisch-subzivilisatorischen Niveau erregten sie derart starkes Interesse, dass der Hamburger mit ihnen anschließend in Berlin und Leipzig en gros Massen anzog. Drei Jahre später »lieh« Hagenbeck, der 1907 in Stellingen, heute ein Stadtteil Hamburgs, den ersten Zoo ohne Gitter einrichtete – »Hamburgs tierisches Original«, so die Eigenwerbung, gibt es noch heute, mit 210 Tierarten und 1860 Exemplaren im Tierpark wird geworben –, sich von der dänischen Regierung eine Gruppe Inuits aus Grönland aus. Der hochangesehene Berliner Anatom, Pathologieprofessor und Sozialhygieniker Rudolf Virchow verbürgte sich bei der Kopenhagener Administration für eine hygienisch präsumtiv angemessene Behandlung.

Ideologisch war es das genaue Gegenteil. *Der Versuch, imperialistisches Handeln zu legitimieren, fand in Zoos einen vortrefflichen Resonanzboden.* Zoologische Gärten waren Panoramen des imperialistischen Strebens und Wetteiferns: Sie stellten Dominanz aus, über die Welt, über die wilden Tiere, über all jene Völker, die zivilisatorisch tief unter der Besucherschaft rangierten, die es also zu kolonisieren galt. Nicht nur aufsehenerregende Tiere waren zu domestizieren, auch wilde Menschen.

Im Ersten Weltkrieg fielen im Wiener Tiergarten auch die Giraffen wie andere Zootiere der Versorgungskrisis buchstäblich zum Schlachtopfer. 1928 wurde wieder ein junger Giraffenbulle angeschafft und ohne eigenes Mitspracherecht »Fritz« getauft.

Er erhielt Nahrung, die Otto Antonius, ab 1924 für die nächsten 20 Jahre Leiter des Tiergartens, als einfach einschätzte, Hafer und Luzerneheu, von

Erstem rund sieben Pfund, von Zweitem zwölf Kilogramm pro Tag, dazu Steinsalz nach Belieben. Er fügte manchmal noch etwas Besonderes hinzu, einen großen Ast mit frischen Blättern. Fritz zog Ulme anderen Baumarten wie Rosskastanie, Weide, Esche oder Eiche vor. Heutzutage werden Giraffen mit Luzerneheu und mit Obst, sommers mit Grünfutter ernährt plus sehr regelmäßig mit Zweigen mit Knospen und Blättern. *Gelegentlich gibt es dafür sogar einen galgenähnlichen Aufzug, damit die Giraffen die angebotene Nahrung fressen können, ohne sich bücken zu müssen.*

1945 ließen es sich Offiziere der Roten Besatzungsarmee nicht nehmen, zusammen mit zwei Giraffen im Zoologischen Garten zu posieren. Die zwei Tiere schauten freundlich und sanft subversiv auf die Kopfbekleidungen der Russen herab.

In Schönbrunn, wo seit 1945 22 Giraffen zur Welt kamen, dazu zählte etwa die 2013 geborene Lubango, die seit 1994 zusammen mit Hornraben, Schwarzkopfschafen und Marabus gehalten werden, wurde 2017 der neue Giraffenpark eröffnet. Dieser hat einen lichten Wintergarten, der ans biedermeierliche Giraffenhaus anschließt. Besonderer Clou neben Solaranlage und Schotterspeicher: die Galerie in mehreren Metern Höhe. Auf Hals- und Augenhöhe – was die US-Modezeitschrift »Harper's Bazaar« auf dem Cover der Ausgabe vom August 2010 vormachte, auf dem die Schauspielerin Demi Moore auf halber Höhe einer Wendeltreppe am Meeresstrand zu sehen war, wie sie eine Giraffe füttert – somit der Tiere. Auch Kimbars. Dieser war zum Zeitpunkt seines Todes Mitte Mai 2021 der älteste Giraffenbulle Europas, vier Wochen später, am 22. Juni, wäre er 28 Jahre geworden. Ein stolzes Methusalem-Alter. Erreichen doch Bullen im Schnitt nur etwas über 20 Giraffenexistenzjahre. Er war im Zoologischen Garten Emmen in den Niederlanden geboren worden und im Zuge des Europäischen Erhaltungszuchtprogramms (EEP) nach Schönbrunn gekommen. Vor Baubeginn des neuen Giraffenparks Ende 2014 übersiedelte er in ein Quartier bei der Maria-Theresien-Kaserne an der Südseite des Schlossparks Schönbrunn und verblieb dort, da ein weiterer Transport ob seines Alters als kaum zumutbar erschien, mit den beiden Weibchen Rita und Carla. Ihnen wurde post mortem Kimbars der Umzug in den Giraffenpark annonciert. Ende November 2021 wurde dafür *ein Spezialtransporter eingesetzt.*

Oskar Laske (1874–1951): »Die Arche Noah«- Giraffen, Wildschweine, 1918

New York

1837. Neun Tage vor Weihnachten. George Gliddon, 1809 in der englischen Grafschaft Devonshire geboren und in Alexandria aufgewachsen, wo sein Vater als Konsul der Vereinigten Staaten von Amerika amtierte, unterzeichnete in New York einen Kontrakt. Mit diesem verpflichtete er, der das Vertrauen von Pascha Muhammad Ali genoss, sich vor seiner Abreise nach Alexandria, Giraffen in die Neue Welt zu importieren. Nicht allein. Sondern zusammen mit einem Quartett von Anteilsinhabern des New York Zoological Institute. Hinter dieser offiziös-seriösen Bezeichnung verbarg sich aber die Menagerie der Messrs. June, Titus und Angevine & Co., ein Freizeit-Entertainment-Unternehmen, das als Vorläufer des Zirkusreichs von P. T. Barnum gelten kann.

Gliddon, der sich später als Ägyptologe und Mumienforscher bis auf die Knochen blamierte und noch später in Panama seinem Leben ein Ende setzte, ist in eine Kurzgeschichte Edgar Allan Poes eingegangen, »Some Words with a Mummy«, »Gespräch mit einer Mumie« (oder in Arno Schmidts Übertragung: »Disput mit einer Mumie«), aus dem Jahr 1845.

Der etwas glitschige Gliddon war nicht der erste Giraffen-Beschaffer. Welch, Macomber & Weeks, eine Firma aus New York, hatte zwei Tiere in der Kalahari einfangen und von Kapstadt aus über den Atlantik transportieren lassen. Sie trafen im Frühjahr 1837 ein, zwei weitere im Sommer 1838. Diese Giraffen waren gegen Eintritt zu bestaunen. Philip Hone, vormals New Yorks Bürgermeister, gönnte sich mit seiner Frau am 3. Juli 1838 das Vergnügen. In sein Tagebuch trug er ein: *Giraffen. Zwei dieser wunderschö-*

Barnum Bailey wirbt mit Baby Bumbeno, der einzigen in Amerika geborenen Giraffe, dem süßesten Lebewesen, kaum größer als bis zum Knie ihrer Mutter, geboren in Bridgeport, Connecticut am 12. Januar 1910.

nen Tiere werden auf einem Grundstück am Broadway unterhalb der Prince Street ausgestellt; der Ort ist angenehm ausgestattet, und eine große Zahl von Menschen beehren die distinguierten Gäste mit ihrem Besuch. Die Giraffen oder Cameleoparden, wie man sie auch nennt (ich mag den ersten Namen mehr), wurden von einem unserer Yankee-Brüder im Inneren Südafrikas gefangen. Sie sind die einzigen Überlebenden von elf gefangenen Tieren und wurden mit großem Aufwand in dieses Land gebracht, gestern ging ich mit Catherine sie besuchen.

Der Zoologische Garten in Philadelphia importierte als erste offizielle Institution Giraffen in die USA, im August 1874 fünf männliche Exemplare und ein Weibchen. Pro Exemplar wurden 1500 bis 2000 Dollar gezahlt. Dann waren sie ganz amerikanisch.

GIRAFFENKUNST

Frankfurt am Main im Spätherbst 2018. In der Hochhaus-, Banken- und Handkäs-mit-Musik-Stadt war der Löwe los. Zumindest im musealen Rahmen. Besser gesagt: ausschließlich zwischen Rahmen.

Die Schirn Kunsthalle, zwischen Frankfurter Römer und Kaiserdom, gleich neben dem kleinen, neusäuberlich rekonstruierten Altstadtgassenquartier, zeigte die erste Retrospektive des Malers Wilhelm Kuhnert, der, 1928 mit 60 Jahren in Graubünden verstorben, zwischen 1891 und 1912 nach Ostafrika reisen konnte, damals deutsche Kolonie. Und zeichnete. Und malte. Im Riesenumfang. Teils trotz der monumentalen Maße seiner Gemälde so detailliert und so exakt, dass Herausgeber zoologischer Bücher dankbar auf seine Werke als Begleitillustrationen zurückgriffen; auch der Schokoladenfabrikant Stollwerck für möglichst schmückend flamboyante Verpackungen all'exotica. Man sah wilde Elefanten auf sich zustürmen, die vor brennendem Savannengras flohen. Man sah einen majestätisch ruhenden Löwen. Man sah einen schwarzen, schwarzmassige Wucht verströmenden Wasserbüffel. Was man fast gar nicht sah, waren Giraffen (es gibt wenige Kuhnert'sche Giraffen-Werke, darunter »Giraffen unter Akazien nach der Regenzeit«, 1905, auf dem die Hochtiere von etwas Unerwartetem sacht aufgeschreckt aufschauen).

Wilhelm Kuhnert (1865–1926) ist für seine Tierbilder bekannt und studierte und zeichnete Tiere nicht in zoologischen Gärten, sondern in der freien Natur.
oben: »Giraffen«
Mitte: »Giraffen in der blühenden Ulanga-Ebene«
unten: »Giraffen unter Akazien nach der Regenzeit«

Das Studium plein air en afrique entsprach dem wandelnden Gusto der akademischen Tiermalerei. An den Kunsthochschulen wurden schon lange Tiere studiert, abgezeichnet, porträtiert – es hatte Künstler gegeben, die ihre gesamte Karriere mit Tieren bestritten, etwa der Engländer George Stubbs (1724–

1806), der Pferdemaler. Schließlich gab es »Pferdeklassen« an den Akademien fürs Erlernen einer penibel animalischen Anatomiekunst. Bei Stubbs, nebenberuflich Anatom, kamen ebenfalls Jagdhunde vor, eher rar ins Œuvre gestreut wilde Tiere wie Löwen, Zebras oder 1763 in »Cheetah with Two Indian Servants and a Deer« ein cheetah, ein Gepard.

Sie leben sich aus, die Bestien, ohne Rücksicht und Vorsicht, schrieb Alfred Polgar 1934 in seinem Feuilleton »Kapitulation«. Ironisch gab er damit wieder, was seit dem frühen 19. Jahrhundert in der Tierkunstdarstellung praktiziert wurde. Prägnanz und exactitude konzentrierten sich auf treurealistische Abschilderung und folglich auf die korrekte Erfassungswiedergabe des Gattungscharakters. *Ein wildes Thier im Käfig wäre kein Kunstgegenstand, weil darin ein innerer Widerspruch läge*, hieß es 1864 in der Kunstzeitschrift »Die Dioskuren«.

Alte Kunst

Fast 3000 Jahre früher. Im Grab der ersten ägyptischen Pharaonin Hatschepsut findet sich, reliefiert in den Stein der Totenkammer, eine Giraffe. Hatschepsut soll nicht nur gen Punt gereist sein, jenem sagenhaften Land im Süden, irgendwo gelegen zwischen dem Südende des Roten Meers und dem Horn von Afrika, und von dort mit Myrrhe und mit Zedern zurückgekehrt sein. Sie hat sich auch aus anthropologischer Sicht für andere Kulturen interessiert; und soll den ältesten bekannten Zoologischen Privatgarten, eine Menagerie, der überlieferten Welthistorie ihr Eigen genannt haben. *Die zweite Giraffe von Theben*

Nubischer Tribut mit einer Giraffe und einem Affen, Grab von Rechmire, ca. 1504–1425 v. Chr.

wurde vor 3 500 Jahren im Grab des Wesirs Rechmire abgebildet. Eine seiner Pflichten hatte darin bestanden, für den Pharao Tribut aus dem Ausland entgegenzunehmen. Hier auf den Wänden seines Grabes mit der gemalten Menagerie ist – zusammen mit einem kleinen Bären und einem Elefantenbaby aus Syrien sowie einem afrikanischen Leoparden, alle an der Leine – eine Giraffe zu sehen, deren Hals eine Grüne Meerkatze verspielt erklimmt. Diese Giraffe wird angeleint gezeigt – zwei Leinen umwickeln ihre Vorderbeine –, so muss es sich augenscheinlich um ein jüngeres, noch nicht zur Gänze erwachsenes Exemplar gehandelt haben, ein zahmes und fügsames. Sind doch die zwei nubischen Männer zur Tier-Linken wie -Rechten fast so groß wie sie.

In den nächsten Jahrtausenden stellte sich in der bildenden Kunst eine Giraffenlücke ein. Kaum ein Langhals-Exemplar konnte leibhaftig studiert und in Augenschein genommen werden.

Kopie einer Giraffendarstellung aus »Jean de Mandevilles Reisebuch«. Es ist unwahrscheinlich, dass der unbekannte Verfasser selbst Konstantinopel, Palästina und Ägypten bereist hat. Zwischen 1357 und 1371 wurde die französischsprachige Reisebeschreibung aus verschiedenen Quellen zusammengestellt.

Bernhard von Breidenbach (auch Breydenbach geschrieben) erblickte eine Giraffe; sie ihn auch. Daher findet sich eine Porträtzeichnung (des Tiers, nicht Breidenbachs) in der Beschreibung der Reise, die dieser Domherr aus Mainz am Rhein 1483/84 ins Heilige Land unternahm (S. 92). Er gehörte zur Entourage des jungen Grafen Johann von Solms-Lich. Ein anderer Reisekompagnon: Erhard Reuwich. Seines Zeichens und Zeichengriffels Zeichner. Von ihm stammte die Skizze des Turmanimale. Die Reise, die Solms-Lich nicht überleben sollte, führte auch nach Ägypten. Dort sahen sie vermutlich das Fleckentier. 1486 erschien zu Mainz, illustriert mit Holzschnitten und gedruckt von Reuwich, die »Peregrinatio in terram sanctam«, der Bericht der Reise von Venedig nach Jerusalem. Die europaweit gefragt und erfolgreich wurde. 1488 erschien die holländische Übertragung, im selben Jahr die französische, 1498 eine spanische, leicht verspätet, 1610, dann noch eine polnische. Der Zürcher Naturforscher, Enzyklopädie-Autor und also naheliegenderweise Universalgelehrte Conrad Gessner bediente sich bei Breidenbach-Reuwich und entführte die Giraffe in sein ei-

Links: Unbekannte Darstellung. Möglicherweise von Cyriacus von Ancona (ca. 1391–1455), der u. a. Ägypten bereiste. Die hier abgebildete Giraffe aus der Biblioteca Medicea Laurenziana in Florenz nahm sich Hieronymus Bosch für seine Giraffendarstellung auf dem linken Flügel (Paradies) des Tryptichons »Der Garten der Lüste« (etwa 1480–1490) zum Vorbild (Bild rechts).

genes, glorios betiteltes »Allgemeines Thier-Buch, das ist: Eigentliche und lebendige Abbildung aller vierfuessigen So wohl zahmer als wilder Thieren, welche in allen vier Theilen der Welt, auff dem Erdboden und in etlichen Wassern zu finden Sampt einer ausführlichen Beschreibung Ihrer äußerlichen Gestalt, innerlichen Natur und Eigenschafft, angebohrner Tugend oder Untugend, zufälligen Kranckheiten und deren Hülffsmittel, durch den hochberuehmten Herrn Conradum Forerum ins Teutsche uebersetzt«, die 1551–1558 und 1587 erschienene »Historia animalium«.

Eine der Gessner'schen und damit auch der Breydenbach'schen sehr ähnliche Abbildung gelangte als Geschenk von Suaheli-Kaufleuten um 1440 an den chinesischen Hof, wo Giraffen zumindest seit dem 12. oder 13. Jahrhundert bekannt waren. Es scheint sich dabei um eine weit verbreitete zeitgenössische Darstellung gehandelt zu haben. Ebenfalls noch im 15. Jahrhundert entstand eine vergleichbare Wiedergabe in einem Codex der Biblioteca Medicea Laurenciana, auf der die Giraffe aber nicht von einem Mann an einem Seil gehalten wird, sondern mit einem solchen an einer Palme befestigt wurde.

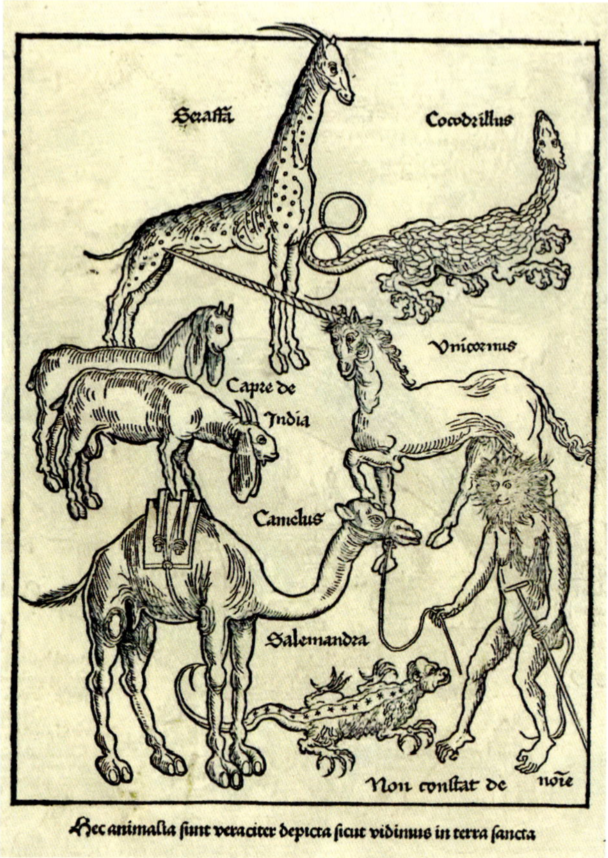

Seraffa
Cocodrillus
Vnicornus
Capre de India
Camelus
Salemandra
Non constat de noie

Hec animalia sunt veraciter depicta sicut vidimus in terra sancta

Von dem Camelpard.

Camelopardalis. Kamelpard.

Von form vnnd gestalt dises Thiers.

ETliche wollen das Kamelpard entspringe von sölchen Thieren / von welchen es den namen bekumpt / nemlich von dem Kamelthier vnnd Löwpard / welcher wohn gentzlich falsch ist. Wirt von Heliodoro im 10. bůch der Ethiopischen historien also beschriben.

An der höhe seind sie gleich dem Kamelthier das vorder theil höher dañ das hinder so nider ist gleich dem Löwen / das vorder theil aber bei d' brust / hertz vnnd vorderen beinen vil höher / der halß lang vnd klein / wiewol er dick vom anderen leib außgehet / ist das end doch gleich einem halß der hunde: d' kopff an der gestalt nicht vngleich dem kämelthieren / mit schönen augen / als ob sie gemahlet weren / sein haut von schönen farben / mit gantz lieblichen flecken gezieret: sein gang oder trab nicht wie anderer Thieren / seind bewegt zu mal beide bein auff der lincken seiten / dann zumal die zwey auff der rechten seiten. Dise seind irem führer oder meister so gehorsam vnd milt / daß sie an ein kleins seil gebunden oder schnůr / jhnen volgen wo hin sie wöllen / gleich als ob sie an ein grosses starck seil gebunden weren.

Wo sölche Thier gefunden werden.

JN dem Morenland bey den völckeren so man Hesperios nennet / werden sölche thier gefunden / dergleichen bey dem roten meer. Sie werden auch in Africa gefunden / von dannen in andere Landtschafften geschickt / dergleichen in India vnd etlichen orten mehr.

Ei

Von dem Kamelpferdt. 97

Ein andere gestalt vnd vorgenañts Thiers fleissiger abconterset.

Camelopardalis Icon acuratior

DJses wunderbar seltzam Thier ist dem Türcken zu Constatinopel geschenckt vnd geschickt worden / daselbst abconterfetet auffs fleissigst / vnnd zu Nürenberg im truck außgangen. Sol ein mächtigen hohen halß gehabt habẽ / mit zwey kleinen hörnlinen auff seinem kopff / eisenfarb / ein glatt schön wol gezieret haar an seinem leib. Jst in das Teütschland geschickt worden auff das 1559. jahr / sol auff Teütsch ein Giraff oder Kamelpard genennt werden.

Von Einer anderen ardt deß Kamelthiers.

Allocamelus Scaligeri.

r ij Von

Linke Seite

oben: Erhard Reuwich: Sammelbild der Tiere im Heiligen Land (Bl. 132b). Von Bernhard von Breydenbach (um 1440–1497), »Peregrinatio in terram sanctam« (Die Pilgerfahrt ins Heilige Land, 1483–1484), Mainz, 1486. »Diese Tiere wurden vertrauensvoll so gemalt, wie wir sie im Heiligen Land gesehen haben.« Von oben nach unten: Giraffe, Krokodil, Indische Ziegen, Einhorn, Kamel, Salamander, unbekannt

unten links: Hanns Weigel (1520–1577): »Das Wunder-Thier. Das Thier ist Ziraffo genandt / Das man hat im Türckischn Landt / Dergstalt eins hohem Hals gewiß / Als eines Landsknecht langer Spieß.« Hanns Sachs. Gedruckt zu Nürnberg bey Hanns Weigel Formschneider

unten rechts: Giraffe, die Jacob Breuning in der Festung von Kairo sah. Breuning von Buchenbach, Hans Jacob: »Orientalische Reyß Deß Edlen unnd Vesten Hanß Jacob Breüning von und zu Buochenbach«, 1612

Rechte Seite

oben: Conrad Gessner: »Allgemeines Thier-Buch« (Historia animalum, 1551–1558). Die Abbildung rechts oben erinnert wiederum an den Druck von Hans Adam aus dem Jahr 1559 (siehe S. 47). Die Abbildungen stammen aus einer Ausgabe von 1669.

unten links: Kupferstiche von Matthäus Merian d. Ä. (1593–1650)

Renaissance

Im Florenz der Renaissance hatte es Domenico Ghirlandaio etwas einfacher. In seinem von 1485 bis 1490 entstandenen Freskenzyklus »Die Anbetung der drei Heiligen Könige« in der Tornabuoni-Kapelle der Dominikanerkirche Santa Maria Novella an der nach der Kirche benannten Piazza, nur wenige Gehminuten vom Palazzo Strozzi entfernt, integrierte der 1448 geborene Florentiner Künstler, dessen eigentlicher schwungvoller Name Domenico di Tommaso Curradi di Doffo Bigordi lautete, aktuell Erlebtes. Im rechten oberen Hintergrund ist das Wundertier Lorenzo de' Medicis daherschreitend zu sehen (Abb. S. 38).

Im ersten Jahrzehnt des 16. Jahrhunderts, das Ghirlandaio nicht mehr erlebte – er starb 1494 –, hielt sich der Venezianer Gentile Bellini vier Jahre am Hofe des osmanischen Sultans Bayezid II. in Konstantinopel auf. *Hier lernte er in der Menagerie Giraffen kennen. Im Ölgemälde ›Predigt des Hl. Markus in Alexandria‹ von 1504–1507, das sein Bruder Giovanni vollendete, ist rechts im Hintergrund eine Giraffe zu sehen, die an der Leine geführt wird.*

320 Jahre später entstand ein Aquarell, das eine Giraffe freundlich, neugierig und menschenzugeneigt präsentiert. Nicolas Hüet (1770–1828) porträtierte Zarafa in Paris, gemeinsam mit ihrem Pfleger Atir. Dieser hat Platz genommen auf einer Rundbank, die um einen Baumstamm herum verläuft, ist von der Seite zu sehen, den einfachen Korbsessel entspannt nach hinten gelehnt. Zarafa, die eher Kleine, ist in biedermeierlich beruhigten Wasssserfarben in ihrer ganzen Fleckenmusterpracht darge-

stellt, sie steht, durch eine Leine fixiert, die um den Baum geschlungen ist, aufrecht, hält sichtlich stolz still. Weiß sie, dass sie ein royales Geschenk ist und einem König Aug in Aug gegenübergestanden hat? (Abb. S. 60)

Rembrandt Bugatti: Zwei Giraffen, 1907, Musée d'Orsay, Paris

Dalí

Am 14. Dezember 1936 hatte Salvador Dalí geschafft, was vor ihm noch keinem Künstler gelungen war – er wurde geadelt, nicht royal. Sondern ehrenpublizistisch in allen Ehren. Er war: auf dem Titelcover des so angesehenen wie viel gelesenen »Time Magazine«!

Mit dem Ölgemälde »La persistencia de la memoria« (»Die Beständigkeit der Erinnerung«, 1931), erstaunlich klein, gerade einmal 24,1 auf 33 Zentimeter messend, auf dem Uhren wie ein Camembert in der Sommersonne zerfließen, hatte er im Sommer jenes Jahres auf der Chicagoer Weltausstellung für Aufsehen gesorgt. 1934 hatte es der junge, enorm dynamische Alfred Barr Jr. für sein noch jüngeres, noch dynamischeres Bilderhaus, das Museum of Modern Art, in Midtown Manhattan erworben. Nun zog die dort zu sehende Schau »Fantastic Art, Dada, Surrealism« Scharen an und Dalís Einzelausstellung in der Kunstgalerie Julian Levys wurde gestürmt. Ein Freund schrieb der jungen Autorin Eudora Welty, die gerade ihren ersten Erzählungsband veröffentlicht hatte: *Die Salvador-Dalí-Ausstellung ist genauso verblüffend – er ist ein Surrealist & liebt Innereien, Spiegeleier, Ausscheidung, enthüllte Gehirnspalten, Blut und allgemeine Armut und Degeneration. Malt sehr gut – in einem Miniaturstil – aber die Zusammenführung von Objekten zu einem künstlerischen Ganzen läuft jeder Vernunft zuwider – Etwas war amüsant, vieles abstoßend.*

Ob all diesem waren der nach publizistischer Aufmerksamkeit gierende wie seine Bizarrerien sorgsam inszenierende Dalí und Ehefrau Gala im Dezember 1936 in New York eingetroffen. Sofort trat das Magazin »American Weekly« an den schnurrbärtigen

Katalanen heran. Mit dem Vorschlag: Dalí solle für sie regelmäßig Kolumnen verfassen und das Leben in New York aus surrealistischer Perspektive schildern. Das war der erste Kontakt des Spaniers, dessen zwei Filmschocker, Kunst-Antikunst-Filme, die er mit seinem Studienfreund Luis Buñuel realisiert hatte, »Un chien andalou« (»Ein andalusischer Hund«, 1929, 16 Minuten) und »L'Age d'Or« (»Das goldene Zeitalter«, 1930, 60 Minuten) und bereits legendär – und erfolgreich – waren, mit amerikanischen Massenmedien. Er war mehr als ein Künstler. Er war nunmehr ein Phänomen. Später sollte er sagen, erst da hätte sein Leben begonnen.

1932 hatte sich Dalí an einem ersten Solodrehbuch versucht, »Babaouo« der Titel. Barockisierender Untertitel: »Unveröffentlichtes Drehbuch. Im Vorspann ein Abriss einer kritischen Filmgeschichte. Im Anhang Wilhelm Tell, portugiesisches Ballett«. Es folgte 1936/37 ein weiteres. Bei diesen Filmarbeiten handelte es sich *jedoch weniger um voll ausgearbeitete Drehbücher, wie man sie als Grundlage für eine anstehende Verfilmung hätte verwenden können, als vielmehr um ein Sammelsurium verschiedenster Ideen, die durch eine Rahmenhandlung miteinander verbunden wurden.*

An Weihnachten 1936 verehrte er seinem Lieblingsschauspieler ein objet surréaliste, eine Harfe, die statt Saiten Stacheldraht hatte. Der Beschenkte war Harpo Marx, einer der Marx Brothers, der Anarchistischste der Komödiantenfamilie. (Harpo, der eigentlich Adolph Arthur hieß – er hatte infolge seines Lieblingsinstruments, der Harfe, englisch harp, seinen Künstlervornamen angenommen, um mit seinen Brüdern Chico, Groucho, Gummo und Zeppo namensklanglich gleichzuziehen –, retournierte eine Fotografie, die ihn »nach dem Harfespiel« mit verbundenen Fingern zeigte.) Der bei Bühnenauftritten und in Filmen Stumme mit der roten lockigen Perücke war begeistert. Nach Weihnachten trafen sich die beiden in Hollywood. Dalí war Feuer und Flamme für seine neueste Idee: einen Film für die Marx Brothers schreiben! Einen Titel hatte er bereits – »Giraffes on horseback salad«, Giraffen auf Pferderücken-Salat.

Die Handlung war asketisch bis kaum vorhanden: In eine unfassbar schöne, unfassbar reiche junge »surrealistische Frau«, Verkörperung von Traum und Fantasie, zu deren Gefolge die Gebrüder Marx gehören, verliebt sich ein junger Spanier mit dem klassisch spanischen Vornamen Jimmy. Kleines Hindernis auf dem Weg zum eternellen Glück: Er ist mit der egozentrisch-narzisstischen Linda, einer, natürlich, Amerikanerin, verlobt. Realität und Fantasie sollten im Folgenden miteinander kollidieren, auf recht banale Weise, wie spätere Ausdeuter meinten. Dalís Hauptanliegen: eine neue visuelle Ikonografie, bis dato auf Zelluloid ungesehene Bilder, neben den (Achtung, Markenzeichen!) schmelzenden Chronografen und einigen Hummer-Telefonen sollte es eine Regenwolke aus dem Nichts geben, Radfahrer, die mit Steinen jonglieren, ein gigantisches Baguette, extravagante Möbel – quasi ein »Abfallprodukt« war die 1937 von einem Möbelfabrikanten hergestellte Couch in Form der rot geschminkten Lippen des Filmstars Mae West – und brennende Giraffen. Den Soundtrack erbat sich Dalí von Cole Porter, damals Amerikas erfolgreichster Broadway-Musical-Komponist. Von sich selber restlos überwältigt schrieb Dalí

Salvador Dalí (1904–1982): Die brennende Giraffe, 1937

an Harpo Marx, der auf den Vaudeville-Bühnen und im Film stets mit Hupe und anarchischen Erosverfolgungseruptionen kommunizierte, dieser Kurzfilm würde *so halluzinatorisch sein, dass er nicht nur unterhalten, sondern zugleich eine erfolgreiche Revolution in der Filmkunst auslösen* werde. Ihm schlug entgegen: Harpos Schweigen.

Im März 1937 kehrten die Dalís nach Europa zurück. Die Giraffen auf Pferderücken-Salat wurden im

Sand Kaliforniens trocken. Die Marx Brothers waren in diesem Jahr im RKO-Streifen »Room Service«, einer nicht wirklich hinreißend komischen Adaption eines nicht wirklich hinreißend komischen Theaterstücks selben Namens, zu sehen. (2019 hoben Josh Frank, Tim Heidecker und die Illustratorin Manuela Pertega »the strangest movie never made!« atmosphärisch wie geistreich um ins Medium Graphic Novel.)

Zuvor, 1936/37, hatte Salvador Dalí ein Ölbild gemalt, das im letzten halben Jahrhundert zum Postermotiv mutiert ist. Dabei ging verloren, dass es sich bei dem heute im Kunstmuseum Basel befindlichen Werk um ein Kabinettformat handelt. Misst es doch gerade einmal 35 Zentimeter (Höhe) auf 27 Zentimeter (Breite). Und ist gerahmt von einem großzügigen braunen hölzernen Rahmen.

Wie der stolze Schnurrbart mit dranhängendem noch stolzerem Spanier in einem Telegramm pro domo kommentierte – und dabei sehr großzügig sich prophetisch antizipierende Gesichte und Geschichte zuschrieb –, wollte er das Bild während eines Aufenthalts am Semmering gemalt haben, viele Monate vor dem »Anschluss« (dem im März 1938). Das Bildlein habe also »caractère prophétique«, prophetischen Charakter. Und weiters im telegrammatischen Stop-and-go-Stil: *stop Les femmes-cheval représentent les monstres fleuves maternels, la girafe en flame le monstre cosmique apocalyptique masculine (Die Pferdfrauen (später: Steißbeinfrauen) repräsentieren die mütterlichen Flussungeheuer, die flammende Giraffe das männliche kosmisch-apokalyptische Monster).*

Die gespensterhafte Frau mit grotesk ausgedünnter Wespentaille und mit ihr linkes Bein sich hochrankenden Schubladen kennt man aus anderen Arbeiten Dalís jener Jahre, aus »Le cabinet anthropomorphique« (1936), die Stützen in ihrem Rücken aus »Plage avec telephone« (»Strand mit Telefon«, 1938) und dessen Vorarbeiten wie – einige Jahre später ausnahmsweise bei ihm ironisch neu aufgegriffen – aus »Soft self-portrait with fried bacon« (»Weiches Selbstbildnis mit gebratenem Speck«, 1941). Es ist eine Allegorie in Blau und Braun vor Blau, dem sich nach oben hin verdunkelnden Himmel. Mutterrecht à la Bachofen, gespickt mit einer an den rechten Rand gerückten stilisierten Figur, deren Bandscheibe als Messerspickreihe silhouettiert ist. Und links im Hintergrund, voilà, die titelgebende Giraffe, deren Fell brennt. Ein surrealistisch umgewendetes invertiertes Motiv: Das Tier wird streng männlich und zum Abbild einer kosmisch implodierenden Apokalypse. Das kleine Tableau: eine konzentrierte Paranoia. Tatsächlich hatte in Pariser Surrealistenzirkeln Dalí den Weg des Psychoanalytikers Jacques Lacan gekreuzt, der 1931 die Zulassung zum Psychiater bekommen hatte. Und zu dem auch Picasso für Therapiesitzungen ging. Der um drei Jahre ältere Franzose hatte bereits begonnen, sich zusehends von der orthodox freudianischen Psychoanalyse zu emanzipieren und zu distanzieren. Beide, Künstler-Träumer wie Arzt-Philosoph, führte die Entzifferung der Welt zueinander, das brennende Interesse an Psychose, an paranoiden Phänomenen, die sich zu Welten, zu Bildwelten hier, zu Psychokosmen dort, formierten. *Die paranoische Interpretation, die versuchte, den normalen Mechanismen folgend, in vernünftiger Art die Lücke im Urteil zu kitten, rief auf Grund von falschen Voraus-*

setzungen Wahnbilder hervor, die ihrerseits durch den falschen Ausgangspunkt verursacht wurden. Natürlich spielte ein anderer politischer Schlagschatten mit hinein, der Untergang der spanischen Republik. Und so lässt sich die flambierte Giraffe dem vor Schmerz brüllenden Pferd in Pablo Picassos Antikriegsbild »Guernica« (1937) an die Seite stellen. *Wenn der Frieden in der Welt gewinnt*, meinte Picasso, Katalane wie Dalí, *wird der Krieg, den ich gemalt habe, eine Sache der Vergangenheit sein.* Und weiter: *Das einzige Blut, das fließen wird, wird das vor einer gelungenen Zeichnung, einem schönen Bild sein. Menschen werden ihm zu nahe kommen, und wenn sie daran kratzen, wird sich ein Bluttropfen bilden und beweisen, dass das Werk tatsächlich lebt.* Das Außerordentliche an »Guernica« sei, so Gijs van Hensbergen, der Biograf dieses Riesenbildes, *dass das Bild unter dem Gewicht seiner eigenen Omnipräsenz nicht nachgibt und nicht untergeht. Nach wie vor beschwört es die Albträume unserer Vergangenheit herauf und entwirft zugleich ein fürchterliches Szenario von Zukünftigem.* Gleiches gilt für »Girafe en feu«, ein Bruchteil des anderen Bildkriegspanoramas, doch um nichts weniger bannend, dämonisch, verstörend. Weil ein so friedfertiges Tier, wie es die Giraffe ist, feuriofurios geschändet, gequält, vernichtet wird.

Was 2007 der Österreicher Peter Friedl aufgriff, als er auf der Kasseler Kunstausstellung documenta, jener mit der Nummer 12, »The Zoo Story« ausstellte, eine ausgestopfte Giraffe, die einst den Namen Brownie erhalten hatte und 2002 im Zoo in Qalqiliyah im Westjordanland während Schießereien inklusive waberndem Tränengas und gezündeter Leuchtgranaten in der Nähe in Panik geraten und mit dem Kopf fatal, weil letal gegen eine Eisenstange gelaufen war und darob starb. Antikriegs- und Vanitas-mundi-Objekt in einem, mit geflecktem Fell.

Swarovski

Die Jahresgabe 2018 des weltweit bekannten Tiroler Kristallglasfabrikanten Swarovski wurde so vollmundig wie friedfertig angekündigt – friedfertig, weil es eines der sanftmütigsten und zugleich ungewöhnlichsten Tiere darstellte, eine Giraffe, Mudiwa: *Versetzen Sie sich in die ockerbraun gebrannte Ebene der afrikanischen Savanne im Serengeti Park, ganz in die Nähe dieser herrlichen Giraffe, der SCS Jahresausgabe 2018. Die Kreation in präzise geschliffenem Kristall mit 651 funkelnden Facetten präsentiert einen eleganten Farbverlauf, der das anmutige Fellmuster perfekt zur Geltung bringt. In der afrikanischen Sprache Shona bedeutet Mudiwa die »Auserwählte« und ist damit der perfekte Name für dieses friedliche Wesen. Name, Swarovski Logo, die Initialen des Designers Martin Zendron und das Ausgabejahr 2018 sind in den Sockel dieser Kreation eingraviert. Zusammen mit dem SCS Giraffenbaby entsteht eine charmante Familienszene. Die Kreation ist nur für SCS Mitglieder und ausschließlich 2018 erhältlich.*

Alexander Schuppich: Giraffe im Zoo Schönbrunn, 2019

GIRAFFEN UND POESIE

New York, Manhattan, Upper West Side, 290 Riverside Drive. Aus Apartment 13 D dieses soigniert bürgerlichen Wohnhauses schrieb 1939 eine Giraffe, mit einem tiefgläubigen Marxisten verehelicht, an die *liebe treue Wundernilstute, dies zum Willkomm – möchtest Du mit dem gleichen Behagen, der gleichen Sicherheit und der gleichen sturen Überlegenheit fürder dahinleben wie die umseitige Nilstute.* Sich Tiernamen zu geben, war verspielt-spielerischer Usus in der großbürgerlich-hochmusikalischen Familie Wiesengrund, die sich nun glücklich und komplett in die Neue Welt gerettet hatte. Sohn Teddy, der von einer Karriere als Komponist geträumt hatte, doch schon in den ersten Jahrgängen des Festivals für Neue Musik in Donaueschingen refüsiert worden war, als Musikkritiker Sophist war und sich schließlich für einen andren Berufsweg entschieden hatte, den des Philosophen, Soziologen und dialektisch-materialistisch, lies: marxistisch gesinnten Gesellschaftskritikers, mit Frau Gretel nach New York, seine Eltern nach Havanna auf Kuba. Und das *Gretel-Pferd* verkehrte spielerisch mit den Schwiegereltern. Sie nannte sich ausdauernd *Giraffe Gazelle*, benamste eine ihr übersandte rote Jacke post- und ärmelwendend als *Schabrackchen.* Als Mutter Maria Wiesengrund am 30. September 1939 ihren Geburtstag beging – ihr Sohn datierte ihn stets auf den 1. Oktober –, lautete das Grußtelegramm von »Hottilein und Rossilein« aus Manhattan in die Karibik: *die ehrfürchtigsten glückwünsche der ehrwürdigen mutter MARINUMBA VON BAUCHSCHLEIFER von ihren treuen kindern NILPFERDKÖNIG ARCHIBALD und gemahlin DIE LIEBE GIRAFFE GAZELLE MIT DEN HÖRNCHEN genannt GAZELLENHÖRNCHEN.*

Ein halbes Jahr später, nach dem Fall Frankreichs, war der Weltbeobachter Adorno konsterniert: *Ich nehme nicht gern große Worte in den Mund, aber, was hier vorgeht, ist kein Weltkrieg mehr, sondern wirklich der Zusammenbruch der Form von Kultur, die seit der Völkerwanderung in der Welt gelebt hat. Und da ich nun einmal ein Seismograph bin, und in gewissem Sinn mehr mit den Nerven als mit den kalkulatorischen Vermögen denke, so bin ich von dem Chock einstweilen völlig desorientiert, und warte darauf, bis die Nilsau in mir der Oberhand gewinnt und mir wieder einige Ruhe gibt.* Erst kurz vor Weihnachten 1945 kehrte die Giraffe in der Korrespondenz zurück, in Wort und als Vorderseite einer Bildpostkarte. *Ihr meine Lieben,* schrieb da Gretel Adorno aus Los Angeles, *habt tausend Dank für Euer liebevolles Paket, die Seife, das Toilettwasser, den Kalender, den Fleischextrakt, das Deckchen. Ich schick Euch heut das Bild der Giraffe, damit Ihr seht, daß es ihr wirklich gut geht.*

Wort-Poesie

Zehn Jahre später, 1955. Wieder und immer noch Los Angeles, die Stadt, in der die Adornos einige Jahre verbracht hatten und er, der Rundliche, ausschließlich Geistesaktive, in seinen Aufzeichnungen »Minima moralia« sich körperlicher Sportivität und dem beach life entziehend, zusammen mit Freund Max, Nachname: Horkheimer, dunkel-anspruchsvolle »Philosophische Fragmente« zu Papier gebracht hatte. Unter dem Titel »Dialektik der Aufklärung« 1952 publiziert, sollten sie zu einem der philosophischen Denkbücher des 20. Jahrhunderts avancieren. Eine andere Ecke von Los Angeles. Ein abgeranztes, kleines Apartment. Ein Mann, dessen Gesicht seit der Pubertät von Aknenarben tief durchackert war und nach drei Jahren beim U. S. Postal Service, der Post der USA, als Aushilfspostbote gerade vollangestellt worden war; wenige Wochen später würde er um ein Haar an einer Magengeschwürblutung krepieren. Dieser Mann schrieb. Er schrieb Gedichte. Er war Dichter. Auch wenn Charles Bukowski noch fünf Jahre brauchen sollte, bis ein Underground-Magazin das erste seiner Poeme veröffentlichen sollte. 1955 also. Fast gestorben. Zeit für ein großes Ja zur Welt. Und ebenso für große Skepsis an IHM, dem Schöpfer der Welt. In seinem in diesem Jahr zu Papier gebrachten Gedicht »Yes Yes« heißt es:

when God created love he didn't help most
when God created dogs He didn't help dogs
when God created plants that was average
when God created hate we had a standard utility
when God created me He created me
when God created the monkey He was asleep
when He created the giraffe He was drunk
when He created narcotics He was high
and when He created suicide He was low

Als er die Giraffe erschuf, war ER also besoffen. Skål! Vom Trinken verstand Bukowski mehr als genug. Verstand er so die Giraffe, verstand er sie so besser? Lauschte er ihr gespannt, mit der Bierdose in der Hand, vor der mechanischen Schreibmaschine, Bukowski, selber eine Giraffen-Erscheinung unter seinen Postkollegen? (Eine andere »Giraffe der Literatur«, der Ire Samuel Beckett, war in den 1960er- und 1970er-Jahren in West-Berlin am liebsten in der »Giraffe« essen, einem Restaurant in Tiergarten, wo er vorzugsweise Räucherlachs bestellte; im Sommer 2020 sperrte die Institution im Erdgeschoss eines der Hochhäuser des Hansaviertels zu.)

If a lion could speak, wrote the philosopher, we probably could not understand him. Even more so in the case of a giraffe, which is ten feet tall and talks in whispers (Könnte ein Löwe sprechen, schrieb ein Philosoph, dann könnten wir ihn wohl nicht verstehen. Umso weniger die Giraffe, die zehn Fuß hoch ist und flüstert). So der Autor Clive Sinclair (1948–2018) in einer Kurzgeschichte. Unrecht hatte der Engländer nicht. Denn dies Tier ist optisch ausgerichtet. Das Eiffeltum-Animale vokalisiert, wie das die Zoologie nennt, nicht wirklich gern. Noch unlieber, wenn mitgelauscht wird. Forscher konnten gerade einmal akustisch mitschneiden, dass Giraffen ein »humming« von sich geben, eine Grundschwingung von 50 bis 100 Hertz, *für uns Menschen relativ gut hörbar*. Sind sie dabei aber nicht unerhört maulfaul, weil sie dafür nicht einmal ihr Maul aufmachen? Die Wissenschaft weiß es nicht.

Was die Wissenschaft mit Sicherheit weiß: Es gab niemals schwarze Giraffen. Diese allerdings erfand der deutsche Groteskdichter Paul Scheerbart (1863–1915). In einem Schattenspiel ließ er sie als »Lachende Giraffen« auftreten:

Es ist sehr dunkel und sehr still in der Wüste.
Doch das hält nicht lange an.
Es knistert plötzlich, und hinten wird der Himmel rot — dunkelrot — weinrot!
Durchsichtig ist der weinrote Himmel — aber hinter ihm ist nichts zu sehen — gar nichts zu sehen.
Dagegen sieht man vor dem weinroten Himmel was: von rechts und von links kommen riesig große schwarze Giraffen heran und schreiten gravitätisch — albern mit dem Kopf nickend — der Mitte zu.
Und die großen schwarzen Giraffen lachen furchtbar hochmütig, denn sie halten sich für das auserwählte Geschlecht — auf Erden ist nicht ihresgleichen. Sie, die großen schwarzen Giraffen, kommen mit ihren Köpfen dem Himmel am nächsten. Auf Erden kann kein Geschöpf den Kopf höher tragen.
Die Giraffen nicken sich albern zu, lachen und tun gräßlich vornehm. Sie spazieren auf und ab und begrüßen sich immerzu — wie Gigerls auf der Promenade.
Oh! Diese Giraffen! Nein!
Die Erde ist schwarz, die Giraffen sind schwarz, und der Himmel ist weinrot. Die Riesenwespen aber, die jetzt von oben herunterfliegen, sind gelb wie blühende Butterblumen.
Die gelben Riesenwespen stechen den Giraffen in die Nasen, die von den dummen Tieren viel zu hoch getragen werden.
Oh! Da verändert sich das Promenadenbild.
Die Giraffen nicken nicht mehr, lassen auch das Lachen

sein — sie springen wie Riesenflöhe hoch in die Höhe — recken die Hälse wie Elefantenrüssel — hampeln mit den Beinen herum, als wenn sie Pyramiden besteigen wollten — schnauben Wut — stecken die Köpfe in den Sand wie der Vogel Strauß — springen dann wieder wie Riesenflöhe — — — kurzum: sie sind wild, verfluchen die Wespen und recken die Hälse nach allen Seiten. Sie krümmen den Hals, daß man glauben könnte, sie wollten sich ganz und gar in toll gewordene Schlangenleiber verwandeln.
Die Giraffen verrenken ihre Glieder, als wenn sie verrecken möchten.
Indessen — nur ihr Gelächter verreckt in der Ferne — wie ein sterbender Föhn — wie ein sterbender Föhn!
Es wird grausig — das Schattenspiel!
Der weinrote Himmel leuchtet mächtig auf, als wollte er sagen: »Es ist leichter, seine Nase in ein Weinglas zu stecken — als in den Himmel!«
Die Giraffen gehen jammernd und geduckt rechts und links ab.
Die heißen Tränen der großen Tiere zischen im Wüstensande — wie verprügelte Klapperschlangen.

Giraffen haben in vielfältiger Art und Weise Auftritte in literarischen Werken, von Berichten der Renaissance über Afrika-Reisende des 19. Jahrhunderts, eine biologisch überraschende, despikabel degradierende Randpittoreske bei Wilhelm Busch (*Die Giraffe (camelopardalis pardalocamelis) ... nichts anderes als eine Mißgeburt des Meerschweinchens*) zu Rudyard Kipling, der 1907 mit 42 Jahren als erster englischer Schriftsteller mit dem Nobelpreis für Literatur geehrt wurde. In dessen »Nur so Geschichten« von 1902 heißt es: »Und nach einer anderen langen Zeit wurde von dem Stehen halb im Dunkel und halb aus dem Dunkel und von den schlüpfenden, hüpfenden Schatten der Bäume, die auf sie fielen, die Giraffe ganz fleckig«. *They scuttled for days and days and days till they came to a great forest, 'sclusively full of trees and bushes and stripy, speckly, patchy-blatchy shadows, and there they hid: and after another long time, what with standing half in the shade and half out of it, and what with the slippery-slidy shadows of the trees falling on them, the Giraffe grew blotchy, and the Zebra grew stripy.* Von Kipling weiter zu Joachim Ringelnatz. In dessen Gedicht »Giraffen im Zoo« kippt sensibel-empathische Beschreibung kunstvoll um in Weisheit:

Wenn sich die Giraffen recken,
Hochlaub sucht die spitze Zunge,
Das ihnen so schmeckt, wie junge
Frühkartoffeln mit Butter mir schmecken.

Hohe Hälse. Ihre Flecken
Sehen aus wie schön gerostet.
Ihre langsame und weiche
Rührend warme Schnauze kostet
Von dem Heu, das ich nun reiche.

Lauscht ihr Ohr nach allen Seiten,
Sucht nach wild vertrauten Tönen,

Da sie von uns weiter schreiten,
Träumt in ihren stillen, schönen
Augen etwas, was erschüttert,

Hoheit. So, als ob sie wüßten,
Daß nicht Menschen, sondern daß ein
Schicksal sie jetzt anders füttert.

Einige Jahre zuvor, am 3. Dezember 1920, hatte Ringelnatz dem Münchner Freund und Bibliophilen Carl Georg von Maassen zu Ehren ein sanft groteskes Gelegenheitsgedicht aus dem Ärmel geschüttelt inklusive Zeichnung in dessen Schwabinger Gästebuch: *Eine Giraffe (keine Ziege) / (Eben aus dem Ei gekrochen) / Pustete sich eine Fliege / Rückwärts von den Wirbelknochen.*

Ringelnatzens amerikanischer Widerpart, Ogden Nash (1902–1971), widmete dem Fleckentier eines seiner heiteren Poeme, das wie so oft bei ihm gehaltvoller ist, als es der heitere Oberflächenschimmer vermitteln mag:

I beg you, children, do not laugh
When you survey the tall giraffe.
It's hardly sporting to attack
A beast that cannot answer back.
Now you and I have shorter necks,
But we can chant of gin and sex;
He has a trumpet for a throat,
And cannot blow a single note.
It isn't that his voice he hoards;
He hasn't any vocal chords.
I wish for him, and for his wife,
A voluble girafter life.

Als Nash 1971 starb, war Arne Rautenberg noch keine vier Jahre jung. Dafür findet sich ein feines fernes

Echo (von Nash plus Ringelnatz) in seinem Kindergedicht »wenn zwei riesen renngiraffen«:

wenn zwei
riesen renngiraffen
gerne mal
nach hinten gaffen
während sie
durch steppen rennen
dabei manchmal
auch noch pennen
wenn sie dann
von beiden seiten
sich auch noch
entgegenreiten
denkt man nur
was wäre wenn
jetzt die langen
hälse – – denn
nah und näher
komm'n sie sich
gleich wird's rappeln
fürchterlich!
niemand ruft:
halt! stop! verboten!
um gottes willen!!
das gibt nen knoten!!!

Noch zwei weitere, recht unvermutete Giraffenfundstellen der deutschen Nachkriegsprosa. Einmal existenziell fremd bis fremd bleibend. Das andere Mal zeitpolitisch allegorisch.

Der jung verstorbene Hamburger Wolfgang Borchert nannte 1947 – am 21. November in diesem Jahr erlebte sein Schauspiel »Draußen vor der Tür« die Premiere (am Tag zuvor war Borchert in Basel verstorben), bereits im Februar war es als Hörspiel ausgestrahlt worden – eine der Geschichten in »Die Hundeblume«: »Bleib doch, Giraffe«. Ein Mann begegnet einer Frau, beide so jung wie einsam und verloren, emotionales Treibgut, haltlos, wurzellos, besitzlos. *Du bist eine Giraffe, du Langer, eine sture Giraffe!* sagt sie zu ihm, halb frech, halb sirenenhaft lockend, halb irisierend, halb erotisch einladend. *Bleib doch, Giraffe* sagt sie liebe- wie haltsuchend am Ende der Kurzgeschichte. *Aber die Giraffe stelzbeinte mit hohlhallenden Schritten übers Pflaster davon. Und hinter ihm sackte die mondgraue Straße wieder stummgeworden in ihre Steineinsamkeit zurück.*

Zehn Jahre später. Bei Alfred Andersch findet sich giraffös symbolisch überhöht Erschütterndes. In seiner Erzählung »In der Nacht der Giraffe«, die er auch als Hörspiel adaptierte, wird die Eiffelturm-Erscheinung der Tierwelt zum Inhaltsbild einer Erzählung über den sehr groß gewachsenen französischen Staatspräsidenten de Gaulle, der, mit Käppi auf dem hohen Haupte, geschätzt auf 2,20 Meter kam und alle um ihn herum überragte. 1958 – am 1. Juni war er Ministerpräsident geworden, ausgestattet mit Notstandsmachtbefugnissen für ein halbes Jahr – ließ der deutsche Autor den General tiefenräsonieren:

> *Aber den Häuptern der Liga werde ich die Güter entziehen lassen, dachte der General grimmig. »Und weiter?« fragte er. Er bemerkte, dass sein Chauffeur eine Sekunde zögerte. »Los, René, ich will wissen, was man über*

mich sagt!« Der Chauffeur sagte: »Die Giraffe in den Zoo!« Er blickte in den Spiegel, aber er konnte keine Bewegung im Gesicht des Generals erkennen. Ein dummes Wort, dachte der General, es kann unmöglich von dem klugen kleinen Juden kommen, der kleine Jude musste wissen, was begann, wenn man damit anfing, Giraffen in den Zoo zu sperren. Wenn man alle lange Generale einsperrte, dann sperrte man auch kluge kleine Juden ein, dann sperrte man bald alle ein, die nicht in die Zeit passten. In diese Zeit, dachte der General verächtlich, während er endlich ausstieg. Trotzdem bin ich natürlich zu groß. Er empfand seinen langen Körper als eine Last, während er die Treppen des Palastes emporstieg. Er hat wirklich etwas von einer Giraffe, dachte der Chauffeur bewundernd, während er zusah, wie sich sein General, am Ende der Treppe angekommen, zu dem Präsidenten der Republik hinabbeugte, der dort oben schon eine Weile gewartet hatte.

Ein anderes politisches System. Eine andere Geschichte. Und doch: »Die Giraffe in den Zoo!«

Der Schotte J. M. Ledgard griff 2006 in seinem Debütroman »Giraffe« eine wahre Geschichte auf – die Exekution der im Jahr 1975 größten in einem europäischen Zoologischen Garten gehaltenen Elefantenherde in der Tschechoslowakei ob einer diagnostizierten epidemischen Seuche.

Auf ergreifende, anrührende Weise erzählt der Journalist – der lange für den Londoner »Economist« tätig war und in den Jahren nach dem Erscheinen seines zweiten, von Wim Wenders unter dem Titel »Grenzenlos« verfilmten Romans »Submergence« (2013), mehrere Lehraufträge annahm, sich der Realisierung digital-futuristischer Projekte widmete – von der Giraffe Snehorka, zu Deutsch Schneewittchen. So genannt wird diese kluge, sensible Giraffe ob ihres weißen Bauches. In Ostafrika eingefangen, nach Hamburg transportiert und von dort die Elbe hinab in die Tschechoslowakei verschifft, gelangt sie in eine Kleinstadt, auszumachen als Dvur Králové (Königinhof), in Nordostböhmen. Wo sie mehrere Jahre lebt, als Anführerin ihrer Herde. Und als Letzte der Tiere am 1. Mai 1975 füsiliert wird. Wobei die wissenschaftliche Basis für das große Giraffenmassaker des repressiven, buchstäblich in Blut watenden Staatsapparats im Dunkeln bleibt, kommunikativ unterschlagen und späterhin nicht mehr rekonstruierbar sein wird.

Multiperspektivisch zeichnet Ledgard in seinem Roman, der sich über die Jahre im angloamerikanischen Sprachraum zu einem Kultbuch von Tierschützern entwickelt hat – und bis heute nicht in deutscher Übersetzung vorliegt –, in sorgfältig gehämmerter Prosa ein Panorama: das bewusst gewählter sozialer Randständigkeit und Propaganda-Ichdistanzierung. Da ist eine junge Frau, die Fabrikarbeit ableistet, aber eher einer Wassernymphe gleicht und Brahms- und Mahler-Lieder kennt. Da ist ein Waldhüter, der sich in seinem Revier den Molestationen der Partei und der Stadt entziehen kann und als bester Schütze der Umgebung zum Abschlachten vergattert wird. Da findet sich der letztlich apathische Opportunismus eines Tierhämatologen, der seine inneren Zäsuren nicht wirklich spüren mag noch kann. Es ist eine Episode der Zeitgeschichte über die Kollision von friedlichen vulnerabel wehrlosen Giraffen, die eine majestätische Freiheit verkörpern, und einer Freiheit rigoros einschränkender Politik, also eine tierisch-menschliche Allegorie des 20. Jahrhunderts. Gerade dieser Antagonismus und die starke empathische Schilderung der Tiere, teilweise wird von Snehorka selbst erzählt, lassen das Buch giraffengroß stark sein.

Eine noch größere Geschichte, eine psychologisch subtile *tall tale with giraffes*, präsentierte 2021 die texanische Schriftstellerin Lynda Rutledge mit ihrem Roman »West with Giraffes«.

Es ist September 1938. Woodrow Wilson, Woody gerufen, Nickel ist 17, fast 18 und hat gerade infolge des verheerendsten Hurrikans seit 100 Jahren, der die Ostküste der USA traf, den allerletzten Verwandten verloren, seinen geizigen, herzlos ihn knechtenden Arbeitgeber. Er selbst hat um Haaresbreite den zerstörerischen Sturm überlebt. Ebenso wie auf hoher See zwei Giraffen, die nun im Hafen von New York ausgeladen und in eine Tierquarantänestation in New Jersey gebracht werden. Woody sieht die beiden Turmtiere. Wird magnetisch von ihnen angezogen. Schließlich gelingt es ihm, den Posten des Fahrers des Lastgefährts zu ergattern, mit dem die zwei Giraffen, Wild Girl, die leicht verletzt ist, und Boy geheißen, quer durch die gesamten Vereinigten Staaten von Amerika bis nach San Diego chauffiert werden. Eine Strecke von 3 200 Meilen, rund 5 150 Kilometern, zurückzulegen binnen zwölf Tagen. Riley Jones, den mit dieser Mission Beauftragten, der ob verkrüppelter Hand nicht selbst fahren kann, ruft der bitterarme Woody, der aus dem Texas Panhandle stammt, dem Nordteil des Staates, der damals wie

Oklahoma oder Arkansas auch von einer jahrelangen verheerenden Dürre heimgesucht worden war, die zu Massenmigration vor allem nach Kalifornien führte – John Steinbeck erzählte davon in seinem 1939 publizierten Roman »The Grapes of Wrath« (»Die Früchte des Zorns«) –, nennt Woody »Old Man«, den Alten. Dann taucht Augusta, eine nur um ein, zwei Jahre als Woody ältere, hochfliegend ehrgeizige wie beflissene Fotografin mit rotflammender Lockenmähne, dessentwegen Woody sie Red nennt, auf. Sie verfolgt erst die zwei Männer und die zwei Giraffen, schließt sich ihnen dann fast bis zum Ende an.

Es ist eine Coming-of-Age-Geschichte; und mehr: ein Abenteuer- und ein (zeit)historischer Roman, ein Buch der Liebe und der Transformationen. Woody erlebt so vieles Überwältigendes, Gefährliches, Bösartiges, Verstörendes – von einer Springflut in der Wüste über gefährliche Gebirgspässe, einen Tierquäler bar jeden Gewissens bis zur Verarbeitung von Familienuntergangstraumata –, dass er verwandelt in Südkalifornien ankommt. Dort, im Zoologischen Garten nahe des Balboa Parks, werden die Giraffen jahrelang populär sein. Er selbst jagt, in der ersten Minute der Ankunft den städtischen Festempfang fliehend, Red hinterher, in die er sich verliebt hat. Wird fast sofort verhaftet, weil er sich ein Motorrad »geliehen« hat. Vor die Entscheidung Gefängnis oder Militärdienst gestellt, entscheidet er sich für Letzteren und kehrt erst nach sieben Jahren, 1945, nach San Diego zurück. Um herauszufinden, dass Red, die einen Herzfehler hatte, inzwischen verstorben ist, auch Jones, der jede Lüge zutiefst verabscheute, aber Woody, wie dieser später herausfinden muss, jede

Menge Konfabulationen, erfundene Anekdoten aus seinem Leben, auftischte.

Dies alles lässt Rutledge fast 70 Jahre später Woody aufschreiben, der inzwischen 105 Jahre zählt. Durch den Memorial-Prozess des Aufschreibens und des mit Weisheit gesättigten Giraffenvisionierens – in der kurzen Zeit des Festhaltens durch Schrift, die dann, als posthumer Nachlass, Wirkung entfalten wird, sieht der steinalte Woody die Giraffe Girl, wie sie durchs Fenster ihren Kopf zu ihm hinstreckt – wird er sich darüber klar, dass diese zwölf Tage die schönsten und die sinnigsten, die sinnergiebigsten und die lebensprägendsten, die ob der Liebe der zwei Giraffen erfülltesten und wegen der unerfüllt gebliebenen Liebe zu Red die unerfülltesten, breve: die glücklichsten seines sehr langen Lebens waren. *Few true friends have I known and two were giraffes, one that didn't kick me dead and one that saved my worthless orphan life and your worthy, precious one (Wenige echte Freunde hatte ich und zwei davon waren Giraffen, die eine trat mich nicht tot und die andere rettete mein wertloses Waisenleben und das deine, wertvolle).*

Tatsächlich gab es diesen Transport anno 1938, in einem eher notdürftig denn wahrhaft professionell hierfür adaptierten Lastwagen auf dem Lincoln und dem Lee Highway, 20 Jahre vor dem massiven High- und Freeway-Ausbau in den USA die einzigen Ost-West-Verbindungen, im heutigen Maßstab schmalen Landstraßen entsprechend. Medial wurde die aufsehenerregende Fahrt, eine minimal belichtete arabeske Fußnote in der Giraffenhistorie, damals sensationalistisch rapportiert – was, wie wir durch den fiktionalen Text, den historischen Roman, erfahren, in jeder Hinsicht kontrafaktisch war.

Von Nord- nach Südamerika: Der Mailänder Carlo Emilio Gadda, studierter Elektroingenieur und ein in späteren Werken viele Ebenen von Riffraff-Argot und Soziolekten miteinander verschmelzender Prosaautor, bezeichnete sich – da war er um die 30 und hatte Ingenieuranstellungen auf Sardinien, in Großbritannien und in Argentinien (von Dezember 1922 bis Februar 1924 bei der Compañía General de Fósforos in Buenos Aires) – in der ersten Hälfte der 1920er-Jahre, als er es geschafft hatte, erste literarische Gehversuche zu unternehmen, als »Giraffe im Garten der Literatur«. Dem Freund, dem er dies übermittelte, muss dies – außergewöhnlich wie außergewöhnlich auffallender Fremdkörper – eingeleuchtet haben: der Ingenieur als Literat. *L'unica cosa di buono che posso avere è che, vivendo fuori dal campo letterario, in un campo di azioni noiose e diligenti, posso portare qualche cosa della mentalità zotica del mestiere nella regione degli specialisti e dei raffinati: ne verrà fuori un ›pasticcio‹ curioso come soggetto strano, come giraffa o canguro del vostro bel giardino (Die einzig gute Sache, die sein kann, ist, wenn man außerhalb des Literaturlagers lebt, in einem Feld lärmenden und sorgfältigen Tuns, dass man dann etwas von einer groben Berufsauffassung aus dem Gebiet der Spezialisten und der Kultivierten in sich hat: von da aus, von außerhalb, sieht man einen merkwürdigen ›Mischmasch‹ als fremden Gegenstand, wie eine Giraffe oder ein Känguru in eurem schönen Garten).* Eine Reflexion von Selbstbild und Fremdbild, Selbstbild versus Fremdbild also.

Aber: die Giraffe als Imago von Mord und Totschlag?

Fast zur selben Zeit. Über die Station Südafrika während der mit ihrem ersten Mann Archibald

Christie 1922 unternommenen elf Monate dauernden Weltreise bemerkte die wohl bekannteste Kriminalautorin des 20. Jahrhunderts, Agatha Christie: *Von der Zugfahrt brachte ich hölzerne geschnitzte Tiere mit. [...] Ich habe noch mehrere davon, aus weichem Holz, [...] Eland-Antilopen, Giraffen, Nashörner, Zebras.* In ihrem vierten, eher wenig bekannten Roman »The Man in the Brown Suit« (1924, ein Buch ohne Hercule Poirot) findet sich, welch Koinzidenz, eine amüsant gezeichnete Szene, in der bei Zwischenhaltstationen während einer Zugfahrt aus Holz geschnitzte Tiere gekauft werden. Und noch heute findet sich auf Greenway House, auch Greenway Estate genannt, dem großen Anwesen südlich von Torquay, gelegen am River Dart in der englischen Grafschaft Devon, das einst der Bestseller-Autorin gehörte und das ihre einzige Tochter Rosalind bis zu ihrem Tod 2004 bewohnte – seit dem Jahr 2000 gehört es dem National Trust, Großbritanniens Treuhandorganisation für Orte von historischem Interesse und Naturschönheit –, eine kleine, nur etwas über fünf Hoch-Zentimeter messende, aus weichem Holz geschnitzte und gepunktete Giraffe (Inventarnummer NT 118706).

Die Wortkombinationsrecherche »Krimi – Giraffe« erbringt nur einen Fund, wohl zu auffällig aus blutigen Buchseiten herausragend ist das Fleckentier. Ein Buch des Schotten Alexander McCall Smith. Und wie endet der zweite Fall seiner in Botswana spielenden, erfolgreichen Cozy-Crime-Serie (ab 1999, Stand: 2021: 21 Bände) über »The No. 1 Ladies' Detective Agency« gleich noch mal, der Kriminalroman »Ein Gentleman für Mma Ramotswe« aus dem Jahr 2000?

Mit einer kleinen Arabeske, die den englischen Originaltitel »Tears of the Giraffe« erklärt:

Es war ein traditioneller Korb aus Botswana mit einem eingeflochtenen Muster.

»Diese kleinen Erhebungen hier sind Tränen«, sagte sie. »Die Giraffe schenkt den Frauen ihre Tränen, und die weben sie in den Korb.«

Die Amerikanerin empfing den Korb höflich mit beiden Händen. Wie ungezogen waren Leute, die ein Geschenk mit nur einer Hand entgegennahmen, als ob sie es dem Gebenden entreißen wollten. Die Amerikanerin wusste es besser.

»Sie sind sehr freundlich, Mma«, sagte sie. »Aber warum hat die Giraffe ihre Tränen verschenkt?«

Mma Ramotswe zuckte mit den Schultern. Sie hatte nie darüber nachgedacht. »Wahrscheinlich bedeutet es, dass wir alle etwas geben können«, sagte sie. »Eine Giraffe hat nichts anderes zu verschenken – nur Tränen.« War es das?, fragte sie sich. Und einen Augenblick lang bildete sie sich ein, eine Giraffe zu sehen, die durch die Bäume spähte, der merkwürdige, von Stelzen getragene Körper durch die Blätter getarnt, die feuchten samtenen Wangen und nassen Augen. Und sie dachte an all die Schönheit, die es in Afrika gab, und an das Lachen und die Liebe.

Film-Poesie

Wer Filmpoesie mit Giraffen erwartet, dem sei in Großbuchstaben AUSDRÜCKLICH von der Giraffen-Szene im Film »The Hangover Part III« (2013) abgeraten, einer für diese Komödienreihe typisch nordamerikanischen Mixtur aus enthemmt grobianistischer Debilität und schadenfreudig spätpubertärer Letalität, in dem Fall fatal und brutal für das Tier.

Wer Filmpoesie mit Giraffen erwartet, der wird ebenfalls von Anna Sofie Hartmanns »Giraffe« (Dänemark, 2019) sanft enttäuscht sein. Ein Kinowerk, das in der ersten Einstellung Giraffen zeigt. Giraffen, die dich anschauen. Und dann im Folgenden nicht mehr auf- noch erscheinen. Lange, sehr lange Einstellungen wählten Hartmann und ihre Kamerafrau Jenny Lou Ziegel für ihre melancholische, fast quietistische, in elliptischen Sprüngen dargebotene Geschichte um Verschwinden, Vergehen und Verdunsten. Lolland, Dänemark. Hier, auf der Insel des südskandinavischen Landes, soll der Fehmarnbelttunnel gebaut werden. Projektiert ist der Abriss von Wohnhäusern und von Bauernhöfen, die in der dritten Generation betrieben und bald von Asphalt begraben sein werden. Eine junge, einst hier aufgewachsene Ethnologin, die inzwischen in Berlin lebt, verbringt einen Ferialjob für ein lokales Museum damit, Funde, Ausgrabungen, Dinge zu dokumentieren. Stößt dabei auf ein seit Langem verlassenes Haus, in dem sie die Hinterlassenschaften, Bücher, Fotoalben, vor allem das Tagebuch einer früheren Bewohnerin findet, die allein dort wohnte. Und an die sich keiner der benachbarten Bauern erinnert. Die stillen langen, statuarisch abgezirkelten Bildeinstellungen gemahnen an den dänischen Filmregisseur Carl Theodor Dreyer und an dessen bis an den Rand asketischer Künstlichkeit stilisierte Kargheit. Innenaufnahmen spiegeln Begrenztheit wider, Begrenztheit der Interessen, der Emotionen, im Wortsinn versandender Rekonstruktion, des Anhaltens von Zeit und deren sinnhaftes Ausschöpfen. Die Außenaufnahmen, von Landschaft, vom Meer, sind gleichermaßen bildinszeniert wie gerahmt und von Stille begrenzt. Filmbilder, destilliert auf Bilderzeigeabfolge. Daher so manche jähe bilddramaturgische Montage in den ersten 15, 20 Minuten. Die Titel gebende Giraffe, im Safaripark Knuthenborg auf der Insel Lolland aufgenommen, steht, so Intention und Selbstauskunft Hartmanns, für Entwurzelung, für eine weniger pittoreske denn innerlich endlos verstörende, grundlegend paradoxe Verpflanzung in eine Umgebung, die fremd ist und die fremd bleibt – das tat übrigens fast zeitgleich und thematisch sehr ähnlich der aus Bosnien gebürtige, seit 1992 in Italien lebende und auf Italienisch schreibende Božidar Stanišić in seinem Roman »La Giraffa in sala d'attesa« (2019) –, in eine Wirklichkeit, die irreal ist. Und die auch sensorisch nicht aufzuschließen ist. Alle Figuren bleiben in der eigenen Blase existenzieller Tristesse.

Was nun wenig bis gar nichts gemein hat mit der magisch-surrealen Anderswelt in »Postcards from the Zoo« (»Die Nacht der Giraffe«, 2012) des indonesischen Filmemachers Edwin. Der Mikrokosmos Zoo im Makrokosmos einer Stadt: der Ragunan-Zoo in Jakarta, Indonesien. Tagsüber rege besucht – nachts ein abgründig verzauberter Locus amoenus. In diesem einem Dschungel ähnelnden Tierpark: eine Giraffe. Und Lana, einst im Alter von drei Jahren von ihrem Vater ebenhier ausgesetzt, im Zoo aufgewachsen, noch immer im Zoo lebend. Sie wohnt und schläft hier, so wie andre Heimatlose, Heimatverstoßene auch, wie Wärter oder Tagelöhner. Lana lebt zusammen mit den Tieren, die sie durch Käfigstäbe und über Begrenzungen hinweg berührt, streichelt, mit ihnen Kontakt aufnimmt. Lana bewegt sich auf Stelzen, um der geliebten Giraffe nahe zu kommen und näher zu sein. Sie, in diesem Märchenparadies mehr ätherisch-somnambule Geistererscheinung denn Mensch, spricht mit dem Tiger, der Fressen verweigert, beobachtet Nilpferde in ihrem Teich. Wenn sie sich über den See im Zoo fortbewegt, dann in einem Tretboot in Schwanengestalt, auch wenn die Tierform in einem verschmutzten Grün gehalten und die Farbe abgeplatzt ist. Dann taucht ein Magier im Cowboykostüm auf. Führt Zaubertricks und zirzensische, Augen täuschenden Firlefanzereien vor und Lana ein in seine Kunst. Und in die Kunst taktiler, sensibler Berührungen. Mit ihm gemeinsam verlässt sie den Zoo und arbeitet, nachdem der Gefährte sich in Flammen auflöste, in einem Salon für sexuelle Massagen und sehr verwandte Dienstleistungen. Sehnt sich von dort zurück in den Zoo, zu den Tieren, in ihr Märchenlebensland. *Am Ende weiß auch der Zuschauer*, schrieb anlässlich der Erstaufführung bei den 62. Internationalen Filmfestspielen Berlin die Kritikerin des Berliner »Tagesspiegel«, *wie sich hoch über dem eigenen Kopf der Bauch einer Giraffe anfühlt.* Heimat ist, wo die Giraffe ist.

Und sie dachte an all die Schönheit, die es in Afrika gab, und an das Lachen und die Liebe. (Alexander McCall Smith)

GIRAFFEN IN GEFAHR

Das Herz, etwa drei Meter unterhalb des Kopfes und zwei Meter über den Hufen gelegen, mit einem Gewicht zwischen elf und zwölf Kilogramm, pumpt 60 Liter Blut durch den Hals zum Kopf. Das Gehirn des Tieres befindet sich in mehr als fünf Metern Höhe. Wenn nun die Giraffe ihren Kopf zum Boden senkt und sich dann wiederaufrichtet, müsste ein starker Druckunterschied im Kopf entstehen. Ein »eingebauter Druckausgleich« in Form von Verschlussklappen in der Halsvene reguliert allerdings den Blutdruck. So wirkt die mächtige Halsvene, die eigentlich nur das Blut zum Herzen zurückbringen soll, zeitweise als »Blutsammeltank«, der den Druck im Gehirn ausgleicht.

Anderer Druck kann schlechter ausgeglichen werden. Denn Giraffen, deren Vorläuferspezies, die Giraffidae, aufgrund von Fossilienfunden vor Millionen von Jahren *zwischen dem Mittelmeer, in ganz Afrika, dem Mittleren Osten, Indien und bis in die Mongolei anzutreffen* waren und vor etwa vier Millionen Jahren außerhalb Afrikas ausstarben, sind in Gefahr, sie sind gefährdet.

Im Herbst 2016 schlug die »International Union for Conservation of Nature« (IUCN), die Weltnaturschutzunion, 1948 in der Nähe von Paris gegründet und seit 1956 im idyllischen Gland im Schweizer Kanton Waadt ansässig, der mehr als 1300 Organisationen aus 161 Ländern angehören, Alarm. Diese Einrichtung ist zuständig für die Erstellung internationaler

Roter Listen, der Monitoring-Überschaudokumentationen von Arten und deren eventueller Gefährdung. 2016 war es drei Monate nach dem Welt-Giraffentag am 21. Juni für Giraffen so weit.

Innerhalb von 30 Jahren hat, so die IUCN, ihre Zahl in freier Wildbahn abgenommen. Und ist auf ein drastisch – und zwar um 40 Prozent – und historisch niedriges Niveau abgesunken, auf nur noch knapp 70 000 Exemplare, die in den Savannen dieser Welt unterwegs sind. 1985 wurden noch 163 000 Giraffen gezählt. 2015 waren es noch 97 500. Im Jahr 2021 wurde hingegen die Zahl erwachsener Tiere in Afrika wieder auf etwas mehr als 117 000 Exemplare geschätzt. Was numerisch bedeutet: *Das Verhältnis von Giraffe zu Löwen beträgt auf dem afrikanischen Kontinent 1 zu 3 bis 4.*

Drei Jahre später, 2019, wurde von den Ländern, die sich im Washingtoner Artenschutzabkommen zusammengeschlossen haben, beschlossen: Handel mit Giraffen, mit ihrem Fleisch, ihrem Fell, ihrem Leder oder mit anderen Jagdtrophäen wurde verboten, mit Ausnahme – und Ausnahmen gibt es bei solchen Multinational-Kompromissen allezeit – in jenen Ländern, in denen der Bestand nicht bedroht sei. Was eigentlich nur aus dem südlichen Afrika zu vermelden ist. Dort nimmt sie zu. In Ost- und in Zentralafrika dagegen geht sie – durch Wilderei, durch den Verlust an Lebensraum infolge von Vieh- und Landwirtschaft – in Permanenz zurück. In mindestens sieben afrikanischen Ländern sind Giraffen bereits vollständig ausgerottet. Wie Giraffen noch vor mehr als einem halben Jahrhundert motorisiert, von umgerüsteten Jeeps aus lebend gefangen wurden, seinerzeit im Auftrag Zoologischer Gärten in der westlichen Hemisphäre, lässt sich erstaunlich präzis sehen in »Hatari!«, Howard Hawks' spätkolonialistischem Abenteurerfilm von 1962 mit John Wayne und Hardy Krüger, der auf Krügers Farm in Kenia gefilmt wurde.

Ist Umsiedlung, Delokation und Auswilderung eine Möglichkeit? Kaum. Bis gar nicht. Denn Giraffenforscher fanden in einer Studie heraus, im September 2016 in »Current Biology« publiziert und fünf Jahre später durch eine im selben Fachmagazin veröffentlichte Genom-Radiologie-Mitochondrien-Untersuchung bestätigt: Es gibt vier Giraffenarten. Die Nordgiraffe (Giraffa camelopardalis). Die Netzgiraffe (G. c. reticulata). Die Massai-Giraffe (G. c. tippelskirchi). Die

Südgiraffe (G. giraffa). Dazu fünf Unterarten, zwei der Südgiraffe, die Angola-Giraffa (G. g. angolensis) und

Moritz Jung (1885–1915): »Unblutige Jagd auf Giraffen«, Farblithografie, 1911

die Kap-Giraffe (G. g. giraffa); und drei der Nordgiraffe: die Nubische Giraffe (G. c. camelopardalis), die Kordofan-Giraffe (G. c. antiquorum) und die Westafrikanische Giraffe (G. c. peralta). Vor allem der Bestand der Nord- und der Südgiraffen ist akut gefährdet. Das Fazit der Erbgutuntersuchung war verblüffend, und verblüffte am Ende auch die Wissenschaftler. Denn, so der federführend beteiligte Zoologe Axel Janke von der Frankfurter Senckenberg-Gesellschaft für Naturforschung: *Die Arten sind genetisch so unterschiedlich wie Braunbären und Eisbären. In freier Wildbahn paaren sie sich nicht untereinander.*

Was heißt: Die erotisch-reproduktive Seduktionskraft einer Massai-Giraffe aus Kenia auf ein weibliches Nubische-Giraffen-Exemplar tendiert also gegen null. Was folglich für die Praxis bedeutet: Der Schutz ist nur regional und nur lokal möglich und nur in den angestammten Siedlungs- und Wandergebieten der Giraffen, die soziale Gruppen bilden und sogenannte Fission-Fusion-Gemeinschaften bilden. Was heißt: Tagsüber suchen die Savannenbewohner unterschiedliche Fressplätze auf, finden sich aber zur Nachtruhe zusammen. Und es *scheint auch Giraffen-Kindergärten zu geben*. Und ist besonders bei der Nubischen Giraffe, die nur noch auf ein paar Tausend Exemplare kommt, zu verstärken. Man muss nur den einstigen Lebensraum der Westafrikanischen Giraffe mit ihrem heutigen vergleichen. Noch um 1900 erstreckte er sich von Senegals Küste weit im Westen bis in den Tschad in Zentralafrika. Heute? Heute besteht er aus einem recht überschaubaren Landstreifen im Südosten von Niamey, der Hauptstadt von Niger. Dort konnte zumindest in 20 Jahren, zwischen 1995

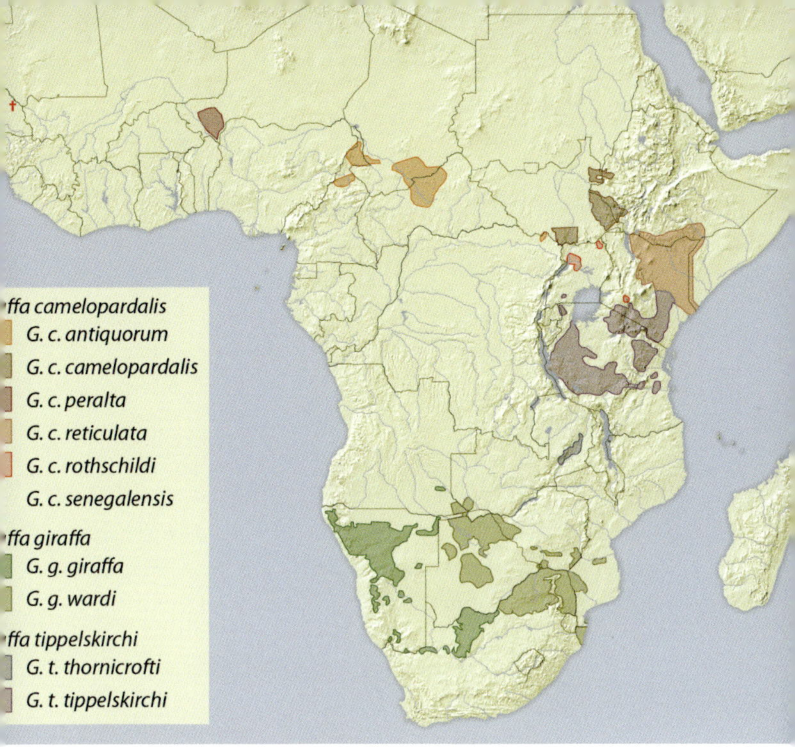

ffa camelopardalis
G. c. antiquorum
G. c. camelopardalis
G. c. peralta
G. c. reticulata
G. c. rothschildi
G. c. senegalensis
ffa giraffa
G. g. giraffa
G. g. wardi
ffa tippelskirchi
G. t. thornicrofti
G. t. tippelskirchi

angolensis
antiquorum
camelopardalis
giraffa
peralta
reticulata
rothschildi
thornicrofti
tippelskirchi

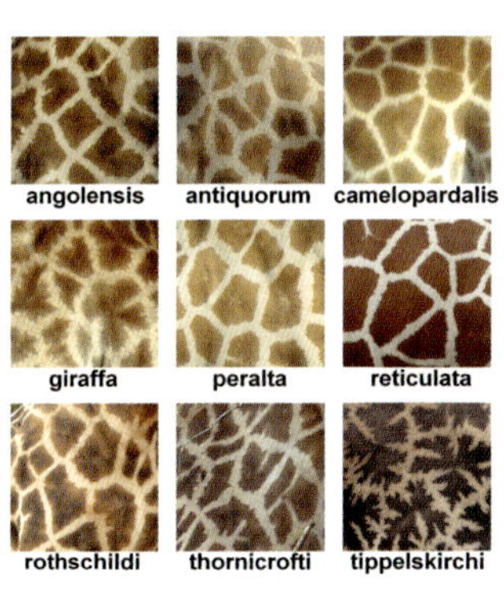

oben: Verbreitungsgebiete der drei Giraffenarten einschließlich der Unterarten nach dem Drei-Arten-Schema, Petzold 2020

links: Die Fellzeichnungen aller neun Giraffa-camelopardalis-Unterarten nach dem alten Schema

und 2015, eine Vervierfachung des Bestands, von einst knapp 50 auf mehr als 200, verzeichnet werden. Niger hatte bereits im Jahr 1988 die Jagd auf Giraffen unter strenge Strafe gestellt.

Wenn Sie das nächste Mal eine Giraffe sehen, dann bedenken Sie den Poster-Kunst-Textratschlag:

Always be Yourself
Unless you can be
A Giraffe
Then always be
A Giraffe.

Oder Sie rezitieren in geschmeidig biegsamem Portugiesisch das Poem »Uma girafa com búzios«, »Eine Giraffe mit Muschel«, von Luís Carlos Patraquim aus Mozambique:

Uma girafa com búzios
ao pescoço
os lábios nos ramos altos
Rilham
E os espinhos macerados
Concedem à savana
O dorso crepuscular
Em que se fecha

Auf Deutsch, in der Übertragung Timo Bergers:

Eine Giraffe mit Muscheln
um den Hals
und Lippen, die hinter hohen Zweigen
Kauen
Und die weich gekauten Dornen
überlassen der Savanne
den Rücken der Dämmerung
in den sie sich einhüllt

Wahlweise können Sie auch einen Song *With a Train and a Giraffe* von Noël Coward anstimmen – vielleicht schließt sich die Angesprochene mit einem begeistert empathischen »humming«-Brummen an:

Old Things are far the best
So measure compound interest
On all infirm relations
And let them wait at stations
And never catch the train of Life
Through being too immersed
In conning passion's Bradshaws
with ›derrieres‹ reversed
Towards the World of Strife
So cherish Aunty Amy
And dear old Uncle Dick
And think of Mrs Roger-Twyford-Macnamara-Wick
Who bicycled to Southsea
When over eighty-two
And never left the handle-bars
To contemplate the view.
Though Grandmamma may dribble
Don't point at her and laugh
She gave you Auntie Sybil
A train and a giraffe –
Old things are far the best.

I am a giraffe, I am about that space a little above the blade,
and my bodily intent is to be elevated
above all other living things,
in defiance of gravity.
J. M. Ledgard

Then I stretched out again on the plank between them,
their breath warming me in the cool air,
and went back to searching for a constellation
in the shape of a giraffe,
filling an empty space in the sky.
Lynda Rutledge

ANHANG

Anmerkungen

S. 9 *sehr großen, lebhaft* Brehm, 186
S. 9 *A giraffe can be* Ledgard, 191
S. 10 *my coming into* Ledgard, 5
S. 11 *Charakteristisch für das mit bis zu* Riedl-Dorn 2008, 13
S. 12 *können auf eine Distanz* Stöger, 101
S. 12 *Die längste gemessene* Riedl-Dorn, 14; Apfelbach, S. 277
S. 12 *Geigenbogen* Schulz, S. 37
S. 14 *Eiffeltürme* Kellendonk, 51
S. 14 *Die Fenstergiraffe* Zilahy, 8
S. 14 *extrem dickwandig sind* Holmes
S. 15 *I think before* Roy Fuller, 34
S. 16 *Die Giraffe und das Nashorn* Maliya, 25 f.
S. 22 *animal totem* Babaud, 24
S. 22 *I had time after time* Blixen, S. 28
S. 24 *Camelopardel, lateinisch Camelopardalis* Zeidler, Bd. V, Spalte 374
S. 26 *the creature appears* Beard, Bd. I, 229
S. 26 *Si foret in terris* Horaz, Liber II, Bd. 1, Zeile 194
S. 26 *Nabun Aethiopes vocant* Plinius, Kap. XXVII, 69
S. 28 *Der 1203 in Persien geborene* Laufer, 33
S. 28 *was von da an* Kinzelbach, 112
S. 29 *größte scholastische Zusammenfassung* Riedl-Dorn 2008, 25
S. 30 *Eine Giraffe wurde auch* Riedl-Dorn 2008, 17
S. 30 *die beständig schwingende Bewegung* Laufer, 15
S. 31 *vorhersagen oder* Sherr, 19
S. 33 *hielten englische Jagdhunde* Ringmar, 378
S. 33 *Any strange beast* http://shakespeare.mit.edu/tempest/tempest.2.2.html
S. 33 *beeindruckendsten Zoologischen Garten* Loisel, 198
S. 34 *Außerdem gab es* Ringmar, 381
S. 35 *ein seltsames Tier* Belozerskaya, 113
S. 37 *in den Wintermonaten* Belozerskaya, 125
S. 37 *das feinste Symbol* Belozerskaya, 129
S. 40 *Alle Zoos sind* Winder, 524 f.
S. 40 *Seit Beginn der* Kaselow, 3 f.
S. 40 *Diese königlichen Domänen* Belozerskaya, xi
S. 41 *was meine volle* Duc de Croÿ, Bd. 2, 485 f.

S. 42 *Tabatièren* Loisel, Bd. II, 149 f.; siehe auch Robbins, 62 f.
S. 42 *Schaulust manifestiert* Oettermann, 9
S. 42 *merkwürdiges, angsteinflößendes Tier* Riedl-Dorn 2008, 29 f.
S. 47 *mit bis zum Boden* Simek, 9
S. 47 *Die Segel seines Schiffes* Allin, 53
S. 48 *un diplomate protéiforme* Dardaud, 16
S. 49 *seine neue Geliebte* Allin, 68
S. 49 *Monsieur Drovetti hat* Allin, 68
S. 50 *est maladive et* Dardaud, 25
S. 50 *Ein großes Gefährt* zit. nach Roberts, 365
S. 52 *Arten von Antilopen* Rennie, Bd. 1, 25 f.
S. 55 *John Polito, dessen* Grigson, 235
S. 55 *La voilà arrive* Dardaud, 56 f.
S. 57 *Die Giraffe benahm sich* Dardaud, 67
S. 57 *Beide bezogen Quartier* Allin, 203
S. 58 *Mach das oder* Allin, 202 f.
S. 61 *Die Osage drohten* Allin, 205
S. 61 *Ali Bassan* Dardaud, 97
S. 62 *für alle Franzosen* Dardaud, 77
S. 62 *das war ein Achtel* Allin, 206
S. 62 *Gestern habe ich die* Börne, Bd. 3, 39
S. 64 *Ingwerkekse in Giraffenform* Ringmar, 385
S. 64 *grippe de la girafe* Dardaud, 81
S. 64 *zurückgebliebenen Provinzlern* zit. nach Lageux, 242
S. 64 *In den letzten sechs* Allin, 219 f.
S. 66 *Sie ist da!* Gurk, 1
S. 66 *Hyppopotamen und* Riedl-Dorn 1989, 63
S. 67 *Der Saal, in dem* Riedl-Dorn 2008, 32
S. 69 *An Seine des HL* Riedl-Dorn 2008, 41
S. 70 *Für den königlichen* Riedl-Dorn 2008, 68 f.
S. 71 *Nachmittags* Riedl-Dorn 2008, 75
S. 75 *Als Damenspende gab es* Riedl-Dorn 2008, 92
S. 75 *mit der Form eines* Good, 102
S. 76 *Hammerklaviers mit vertikal* Sachs, 158
S. 77 *À la Giraffe müsst* Riedl-Dorn 2008, 95
S. 77 *Lasset die Giraffe leben* zit. nach Riedl-Dorn 2008, 97
S. 80 *unverfälschten Naturmenschen* Bienert
S. 81 *Der Versuch, imperialistisches* Roscher
S. 82 *Gelegentlich gibt es* Pechlaner und Pechlaner, 41 f.
S. 83 *ein Spezialtransporter* https://wien.orf.at/stories/3131672/
S. 84 *GIRAFFEN. Zwei dieser* Nevins, 336
S. 88 *Sie leben sich aus* Polgar, 133
S. 88 *Ein wildes Thier* Max Schasler, in: Die Dioskuren, Nr. 46, 9. Jg., 1864, S. 150 f.

S. 88 *Die zweite Giraffe* Allin, 98 f.
S. 91 *Eine der Gessner'schen* Riedl-Dorn 2008, 27; siehe auch Laufer, 42 ff., und Walravens, 98
S. 94 *Hier lernte er* Riedl-Dorn 2008, 26
S. 96 *Die Salvador-Dalí-Ausstellung* Fuller, 11
S. 97 *jedoch weniger um* Sauer, 37
S. 99 *so halluzinatorisch sein* zit. nach Sauer, 39
S. 100 *stop Les femmes* zit. nach Gogorno, 12
S. 101 *Die paranoische Interpretation* Schmitt, 262
S. 102 *Wenn der Frieden* zit. van Hensbergen, nach S. 68
S. 102 *dass das Bild* van Hensbergen, 17
S. 105 *liebe treue Wundernilstute* Adorno, 14
S. 105 *Gretel-Pferd* Adorno, 15
S. 106 *die ehrfürchtigsten* Adorno, 40
S. 106 *Ich nehme nicht* Adorno, 80
S. 106 *Ihr meine Lieben* Adorno, 243
S. 107 *when God created* Bukowski, 178
S. 108 *If a lion* Sinclair, 43
S. 108 *für uns Menschen* Stöger, 103
S. 109 *Es ist sehr dunkel* Scheerbart, 176
S. 110 *Die Giraffe* Busch, I, 26
S. 111 *They scuttled for days* Kipling, 42
S. 111 *Wenn sich die Giraffen* Ringelnatz, I, 382 f.
S. 112 *Eine Giraffe* Ringelnatz, II, 335
S. 112 *I beg you* Nash, 272
S. 113 *wenn zwei* Rautenberg, https://www.lyrikline.org/en/poems/wenn-zwei-riesen-renngiraffen-10139
S. 114 *Du bist eine* Borchert, https://www.projekt-gutenberg.org/borchert/hundeblu/chap007.html
S. 114 *Aber den Häuptern* Andersch, 373
S. 119 *Few true friends* Rutledge, 2
S. 120 *L'unica cosa* Gadda, 43
S. 121 *Von der Zugfahrt* https://community-archive.agathachristie.com/discussion/268/wooden-animals
S. 122 *Es war ein* Smith, 237 f.
S. 125 *Am Ende weiß auch* Christiane Peitz: Der Bauch der Giraffe, https://www.tagesspiegel.de/kultur/der-bauch-der-giraffe/6214322.html
S. 125 *Und sie dachte* Smith, 237 f.
S. 126 *Das Herz, etwa* Riedl-Dorn 2008 13 f.; siehe auch: Grzimek, 48; Krumbiegel, 49; Apfelbach, 277
S. 126 *zwischen dem Mittelmeer* Williams, 10
S. 127 *Das Verhältnis von* »Giraffes are still in trouble, but …« https://giraffeconservation.org/2021/12/22/finally-sgn/

S. 130 *Die Arten sind genetisch* »Lange Hälse auf der Roten Liste«, Bayerischer Rundfunk, 6.9.2021, https://www.br.de/rote-liste/giraffen-rote-liste-gefaehrdete-art-100.html
S. 130 *scheint auch* Stöger, 104
S. 132 *Uma girafa* https://www.lyrikline.org/en/poems/uma-girafa-com-buzios-5392#
S. 132 *Eine Giraffe mit* https://www.lyrikline.org/en/poems/uma-girafa-com-buzios-5392#
S. 133 *Old Things are far* Coward, 104 f.
S. 134 *I am a giraffe* Ledgard, 6
S. 135 *Then I stretched* Ledgard, 303

Literaturverzeichnis

Adorno, Theodor W.: *Briefe an die Eltern 1939–1951*, hg. v. Christoph Gödde und Henri Lonitz, Frankfurt/Main 2003

Allin, Michael: *Zarafa. Die außergewöhnliche Reise einer Giraffe aus dem tiefsten Afrika ins Herz von Paris*, München und Zürich 1999

Andersch, Alfred: »In der Nacht der Giraffe«, in: ders: *Gesammelte Werke*, hg. v. Dieter Lamping. Bd. 4: Erzählungen I, Zürich 2004, S. 371–402

Apfelbach, Raimund: »Langhals- oder Steppengiraffen«, in: *Grzimeks Enzyklopädie*. Säugetiere Bd. 5, München 1988

Babaud, Alain: »La vraie Zarafa est-elle bien à Rochelle?«, in: *Le Point*, 9.5.2013, S. 24

Beard, James Franklin Beard (Hg.): *The Letters and Journals of James Fenimore Cooper*, Cambridge, MA, 1960

Belozerskaya, Marina: *The Medici Giraffe and other tales of exotic animals and power*, New York 2006

Bienert, Michael: »So wird die Geschichte kolonialer Völkerschauen aufgearbeitet«, in: Der Tagesspiegel, 10.8.2020

Blixen, Karen: *Jenseits von Afrika*, München 2017

Börne, Ludwig: *Sämtliche Schriften*, hg. v. Inge und Peter Rippmann, Düsseldorf 1964

Brantz, Dorothee: »The Domestication of Empire: Human-Animal Relations at the Intersection of Civilization, Evolution, and Acclimatization in the Nineteenth-Century«, in: Kathleen Kete (Hg.): *A Cultural History of Animals in the Age of Empire*, Oxford 2007, S. 73–94

Brehm, Alfred: *Brehms Tierleben. Zweite umgearbeitete und vermehrte Auflage. Kolorirte Ausgabe*, Leipzig 1883–1887

Borchert, Wolfgang: »Bleib doch, Giraffe!« in: ders.: *Die Hundeblume*, https://www.projekt-gutenberg.org/borchert/hundeblu/chap007.html

Bukowski, Charles: *burning in water drowning in flame*, Santa Monica 1974

Busch, Wilhelm: *Werke. Historisch-kritische Gesamtausgabe.* 4 Bände, Hamburg 1959

Coward, Noël: *The Complete Verse of Noël Coward*, hg. und komm. v. Barry Day, London 2011

Dardaud Gabriel: *Une girafe pour le roi. Mit einem Vorwort von Georges Poisson und Illustrationen von Morgan*, Creil 1985

Duc de Croÿ, Emmanuel: *Journal inédit du duc de Croÿ, 1718–1784*, hg. v. le Vicomte de Grouchy und Paul Cottin, Paris 1906–1907

Frank, Josh, Tim Heidecker und Manuela Pertega (Illustrationen): *Giraffes on Horseback Salad*, Philadelphia 2019

Fuller, Stephen M.: *Eudora Welty and Surrealism*, Jackson 2013

Fuller, Roy: *A lost season*, London 1944

Gadda, Carlo Emilio: *A un amica fraterno. Lettere a Bonaventura Tecchi*, hg. v. Marcello Carlino, Mailand 1984

Gogorno, Luisa: »Girafes en feu«, in: *Regards sur la peinture*, 1989, S. 12

Good, Edwin M.: *Giraffes, Black Dragons and other Pianos. A technological history from Cristofori to the Modern Concert Grand*, Stanford 1982

Grigson, Caroline: *Menagerie. The History of Exotic Animals in England 1100–1837*, Oxford 2016

Grzimek, Bernhard: *Thulo aus Frankfurt. Alles um die Giraffe*, Stuttgart 1956

Gurk, Eduard: *Die Girafe in der Menagerie des k. k. Lustschlosses Schönbrunn. Abgebildet und nach den besten Quellen beschrieben*, Wien 1828

Hensbergen, Gijs van: *Guernica. Biographie eines Bildes*, Berlin 2007

Holmes, Bob: »The Cardiovascular Secrets of Giraffes«, 21.5.2021, https://www.smithsonianmag.com/science-nature/cardiovascular-secrets-giraffes-180977785/

Horaz: *Opera*, hg. v. Friedrich Klingner, Leipzig 1959

Kaselow, Gerhild: *Die Schaulust am exotischen Tier. Studien zur Darstellung des zoologischen Gartens in der Malerei des 19. und 20. Jahrhunderts*, Hildesheim u. a. 1999

Kellendonk, Frans: *Verzameld werk 2. Essays en artikelen*, hg. v. Jaap Goedegebuure und Rick Honings, Amsterdam und Antwerpen 2015

Kinzelbach, Ragnar: *Tierbilder aus dem ersten Jahrhundert. Ein zoologischer Kommentar zum Artemidor-Papyrus*, Berlin und New York 2009

Kipling, Rudyard: *Just So Stories for little children. Illustrated by the author*, London 1951

Krumbiegel, Ingo: *Die Giraffe (Giraffa camelopardalis)*, Wittenberg 1971

Lageux, Olivier: »Geoffrey's Giraffe: The Hagiography of a Charismatic Mammal«, in: *Journal of the History of Biology*, Jg. 36, 2003, S. 225–247

Laufer, Berthold: *The Giraffe in History and Art*, Chicago 1928

Ledgard, J. M.: *Giraffe*, London 2006

Loisel, Gustave: *Histoire des menageries de l'antiquité à nos jours*, Paris 1912

Malya, Simoni: *Wie die Giraffe zu ihrem langen Hals kam und andere Fabeln aus Tansania*, hg. und mit einem Nachwort von Ingrid Jaax, Wuppertal 1981

Nash, Ogden: *The Selected Poetry. 650 Rhymes, Verses, Lyrics, and Poems. With an introduction by Archibald MacLeish*, New York 1995

Nevins, Allan (Hg.): *The Diary of Philip Hone 1828–1851*, New York 1936

Oettermann, Stephan: *Die Schaulust am Elefanten*, Frankfurt am Main 1982

Pechlaner, Helmut und Gabriele: *Das Wunderwerk Zoo*, Wien 2001

Plinius, C. Secundus: *Naturalis Historiae / Naturkunde liber VIII / Buch VIII*, hg. v. Roderich König, Kempten 1976

Polgar, Alfred: »Kapitulation«, in: *National-Zeitung*, Nr. 124, 16.3.1934, S. 2; auch in: A. P.: *In der Zwischenzeit*, Amsterdam 1935, S. 133–136

Rennie, James: *The Menageries: Quadrupeds, Described and Drawn from Living Subjects*, London 1829

Riedl-Dorn, Christa: *Hohes Tier. Die Geschichte der ersten Giraffe in Schönbrunn*, Wien 2008

Riedl-Dorn, Christa: *Wissenschaft und Fabelwesen. Ein kritischer Versuch über Conrad Gessner und Ulisse Aldrovandi*, Wien und Köln 1989

Ringelnatz, Joachim: *Das Gesamtwerk in sieben Bänden*, hg. v. Walter Pape, Zürich 1994

Ringmar, Erik: »Audience for a Giraffe: European Expansionism and the Quest for the Exotic«, in: *Journal of World History*, Jg. 17, 2006, Nr. 4, S. 375–397

Robbins, Louise E. Robbins: *Elephant Slaves and Pampered Parrots. Exotic Animals in Eighteenth-Century Paris*, Baltimore und London 2002

Roberts, Jane: *Royal Landscape. The Gardens and Parks of Windsor*, New Haven und London 1997

Roscher, Mieke: »Zoopolis. Eine politische Geschichte zoologischer Gärten«, https://www.bpb.de/shop/zeitschriften/apuz/zoo-2021/327646/zoopolis/

Rutledge, Lynda: *West with Giraffes*, Seattle 2021

Sachs, Curt: *Real-Lexikon der Musikinstrumente, zugleich ein Polyglossar für das gesamte Instrumentengebiet*, Berlin 1913

Sauer, Christian: *Bühne frei! Salvador Dalís Theater- und Filmprojekte 1934–1944*, Berlin 2015

Scheerbart, Paul: »Lachende Giraffen. Ein Schattenspiel«, in: ders.: *Immer mutig!* Frankfurt/Main 1986

Schmitt, Patrice: »Die paranoische Psychose und ihre Beziehungen zu Salvador Dalí«, in: Pontus Hultén (Hg.): *Salvador Dalí. Retrospektive 1920–1980*, Augsburg 1995, S. 262–274

Schulz, Jan-Peter: »Die Heißblütige. Kinder lieben sie, Erwachsene wissen so gut wie nichts über sie – und das, obwohl sie immer stärker vom Aussterben bedroht ist. Die Giraffe im Porträt«, in: *die tageszeitung* (Berlin), 21.6.2017, S. 37

Sherr, Lynn: *Tall Giraffes*, Kansas City 1997

Simek, Rudolf: *Monster im Mittelalter. Die phantastische Welt der Wundervölker und Fabelwesen*, Köln 2. verb. Aufl. 2019

Sinclair, Clive: »Tears of the Giraffe, in: ders.: *Shylock must die*, London, S. 41–57

Smith, Alexander McCall: *Ein Gentleman für Mma Ramotswe. Der zweite Fall der »No. 1 Ladies' Detective Agency«*, Bergisch Gladbach 2006

Stöger, Angela: *Von singenden Mäusen und quietschenden Elefanten. Wie Tiere kommunizieren und was wir lernen, wenn wir ihnen zuhören*, Wien 2021

Walravens, Hartmut: »Konrad Gessner im chinesischen Gewand. Darstellung fremder Tiere im K'un-yu-t'u-shun des P. Verbiest (1623–1688)«, in: *Gessnerus*, Bd. 30, 1973, S. 87–98
Williams, Edgar: *Giraffe*, London 2010
Winder, Simon: *Kaisers Rumpelkammer. Unterwegs in der Habsburger Geschichte*, Reinbek 2014

Zeidler, Johann Heinrich: *Großes und vollständiges Universal-Lexikon aller Wissenschaften und Künste, welche bishero durch menschlichen Verstand und Witz erfunden und verbessert worden ...*, Halle und Leipzig 1733
Zilahy, Péter: *Die letzte Fenstergiraffe. Ein Revolutions-Alphabet*, Berlin 2004

Abbildungsverzeichnis

Alexander Kluy, geboren 1966, lebt als Autor, Journalist und Herausgeber in München. Er schreibt regelmäßig u. a. für Standard, Buchkultur und Psychologie Heute. Als Autor veröffentlichte er zuletzt u. a. »E.T.A. Hoffmann. 100 Seiten« (Reclam). In der Edition Atelier hat er u. a. »Nacht und Hoffnungslichter« von Joseph Roth sowie Dorothea Zeemanns Roman »Das Rapportbuch« herausgegeben.

Erste Auflage

Buchgestaltung: Jorghi Poll
www.editionatelier.at
ISBN 978-3-99065-081-3

Weitere Bücher finden Sie auf der Website des Verlags:
www.editionatelier.at